Die Blockchain Bibel

DNA einer evolutionären Technologie

BTC-ECHO

ISBN-10: 1539448606
ISBN-13: 978-1539448600

BTC-ECHO

Die Blockchain Bibel

DNA einer evolutionären Technologie

Dr. Philipp Giese
Mark Preuss
Maximilian Kops
Sven Wagenknecht
Danny de Boer

IMPRESSUM

BTC-ECHO
MARK PREUSS
ALBERSALLEE 34
47533 KLEVE
INFO@BTC-ECHO.DE

TAG DER VERÖFFENTLICHUNG: 24.10.2016
WWW.BTC-ECHO.DE

INHALT

Vorwort

Gemäß der Technologie-Analyse des Marktforschungsunternehemns Gartner, erlebt die Blockchain gerade einen Hype. Nicht wenige sehen in der Blockchain-Technologie die bislang größte Erfindung seit dem Internet. Um den Wahrheitsgehalt dieser Aussage zu prüfen, werden wir uns im ersten Teil des Buches mit den Grundlagen dieser neuen Technologie befassen. Schritt für Schritt erklären wir das Konzept, das hinter der Blockchain steckt und gehen dabei auf die technischen und nicht-technischen Elemente ein. Nach den theoretischen Grundlagen zu Beginn des Buches, bilden praxisnahe Anwendungen den Schwerpunkt der Blockchain Bibel. Einige wenige Kapitel im Buch verlangen ein gewisses Grundlagenwissen im Bereich IT und IT-Programmierung, um die Thematik vollständig erfassen zu können. Diese Kapitel sind entsprechend gekennzeichnet. Damit möchten wir die Vielfalt der Blockchain-Einsatzmöglichkeiten aufzeigen. Das Spektrum reicht von wirtschaftlich-technischen bis hin zu sozialgesellschaftlichen Bereichen, die von der Blockchain-Technologie bedeutend beeinflusst werden. Den gegenwärtig größten Einfluss aber übt die Blockchain auf unser Finanzsystem aus. Entsprechend haben wir dem Themenbereich Blockchain und Finanzen ein eigenes Kapitel gewidmet.

Schließlich haben auch Unternehmen und vor allem Banken das Potenzial dieser neuen Technologie für sich entdeckt und versuchen mithilfe der Blockchain bestehende Geschäftsprozesse zu optimieren und neu zu erfinden. Es ist ein Wettlauf um das disruptive Potenzial der Blockchain ausgebrochen, da viele Geschäfts- und Tätigkeitsfelder durch die Blockchain automatisiert bzw. ersetzt werden können. Die Angst, dass sich innovative

Startups die Blockchain zu Nutze machen und die bestehenden Geschäftsstrukturen etablierter Unternehmen neu definieren, ist hoch. Aus diesem Grund wurden bereits enorme Investitionen (Stand Okt. 2016 rund 1,11 Mrd. US-Dollar) unternommen, um den Anschluss an die Blockchain-Technologie nicht zu verpassen.

Auch Staaten und politische Institutionen interessieren sich für die Blockchain. Genaue Details darüber, welche Länder, Unternehmen und Institutionen bereits an Blockchain-Lösungen arbeiten, erfahrt ihr im Verlauf des Buches.

Das Interesse wurde ursprünglich durch die digitale Währung Bitcoin, die wohl bekannteste Blockchain-Anwendung geweckt. Wie wir später noch ausführlich erläutern werden, stellen digitale Währungen und auch andere Blockchain-Anwendungen Behörden und Regierungen vor große Herausforderungen. Der Grund liegt in der Logik der Blockchain, die auf dem Prinzip der Dezentralität aufbaut. Die Möglichkeit dezentrale Strukturen zu nutzen und auf zentrale Akteure und Steuerungseinheiten zu verzichten macht die Blockchain zu einem vollkommen neuen und kaum greifbaren Phänomen. Entsprechend wird uns das Konzept der Dezentralität das gesamte Buch über begleiten.

Trotz erster konkreter Anwendungsmöglichkeiten, insbesondere im Finanzsektor, kann noch niemand genau abschätzen, in welchem Ausmaß die Blockchain unser Leben verändern wird. Eines ist aber sicher: theoretisch können alle Bereiche unseres Lebens von der Blockchain erfasst und beeinflusst werden. Umso wichtiger ist es, sich möglichst rechtzeitig über die Blockchain zu informieren, um die Chancen und Risiken einschätzen und nutzen zu können.

Ob die Blockchain nun die größte Erfindung seit dem Internet ist, ist eine Frage die jeder Leser für sich selbst beantworten muss – die dafür notwendigen Informationen liefern wir mit diesem Buch.

Über die BTC-ECHO Redaktion

Wir sind die BTC-ECHO Redaktion und betreiben Deutschlands größtes Online-Magazin im Bereich Bitcoin und Blockchain (BTC-ECHO.de). Unser Team aus Redakteuren ist bunt gemischt, sodass es für jeden Fachbereich – egal ob IT, Wirtschaft oder Politik – mindestens einen Experten gibt. Aus diesem Grund werden wir in der Blockchain-Bibel auf das gesamte Spektrum der Blockchain eingehen.

Die Informationen in diesem Buch wurden mit größter Sorgfalt erarbeitet. Dennoch können Fehler nicht vollständig ausgeschlossen werden. Die Autoren übernehmen keine juristische Verantwortung oder irgendeine Haftung für eventuell verbliebene Fehler und deren Folgen.

Zur besseren Lesbarkeit werden in diesem Buch personenbezogene Bezeichnungen, die sich zugleich auf Frauen und Männer beziehen, generell nur in der im Deutschen üblichen männlichen Form angeführt, also z. B. „Leser" statt „LeserInnen" oder „Leserinnen und Leser". Dies soll jedoch keinesfalls eine Geschlechterdiskriminierung oder eine Verletzung des Gleichheitsgrundsatzes zum Ausdruck bringen.

Die BTC-ECHO Redaktion wünscht Dir eine interessante und spannende Lektüre!

KAPITEL 1 DIE BLOCKCHAIN

WAS IST DIE BLOCKCHAIN?

Das Internet hat bereits viele bedeutende Errungenschaften hervorgebracht, die unser heutiges Leben entscheidend prägen. Doch je stärker wir das Internet in unser Leben einbinden, desto öfter werden wir mit den Grenzen und Schwachstellen des Internet konfrontiert. Jedes Mal, wenn wir ein Rechtsgeschäft im Internet tätigen, sind wir auf die Hilfe von Drittanbietern bzw. zentralen Vermittlerstellen angewiesen. Schließlich ist es uns nicht möglich die Identität unseres Geschäftspartners zu überprüfen und sicherzustellen, dass sich dieser an die Geschäftsvereinbarungen hält. Im Internet können wir niemandem trauen, sodass wir Dritte, in Form von Banken, Treuhändern oder Plattformanbietern, hinzuschalten müssen. Diese Akteure kosten oftmals viel Geld und sammeln zusätzlich unsere persönlichen Daten, um diese dann für kommerzielle Zwecke weiterzunutzen.

Trotz dieser zentralen Vermittler hat sich die Sicherheitsinfrastruktur des Internets nur wenig weiterentwickelt und die Cyberkriminalität nimmt weiter zu, wie später im Kapitel „Einführung in die Kryptographie“ beschrieben wird. Korrespondierend dazu sammeln auch Staaten bzw. Sicherheitsbehörden immer öfter unsere privaten Daten. Gleichzeitig ist unsere Abhängigkeit von Unternehmen und Institutionen so hoch wie nie zuvor. Um die Möglichkeiten des Internets vollumfänglich zu nutzen, sind wir gezwungen, auf verschiedene Anbieter zurückzugreifen und deren Geschäftsbedingungen zu akzeptieren.

Egal ob wir uns in sozialen Netzwerken aufhalten, eine App auf unser Smartphone herunterladen oder eine geschäftliche Transaktion im Internet abwickeln – jedes Mal müssen wir den AGBs zustimmen und uns meist bereit erklären, unsere Daten weiterzugeben.

Entsprechend groß ist der Bedarf nach einer Netzwerkstruktur, der jeder, auch ohne das Zuschalten von Dritten, vertrauen kann. Diese neue Struktur muss ermöglichen, dass jeder Einzelne einsehen kann, ob es sich um wahrheitsgemäße Informationen, wie z. B. Eigentumsrechte, handelt, ohne dabei auf die vermeintliche Expertise eines Unternehmens oder einer Organisation zurückgreifen zu müssen. Was es braucht, ist eine Netzwerktechnologie, die den Menschen Unabhängigkeit zurückgibt und gleichzeitig eine neue Vertrauensbasis schafft.

Genau hier kommt die Blockchain-Technologie ins Spiel, da sie die oben beschriebenen Probleme und Schwachstellen beheben und uns alternative Nutzungsmöglichkeiten aufzeigen kann.

Mit der Blockchain hat man Zugang zu einer vollkommen neuartigen Netzwerk-Infrastruktur. Das wichtigste Merkmal dieser Infrastruktur ist die Dezentralität, die bedingt, dass die Steuerung und Verwaltung nicht durch eine zentrale Institution erfolgt. Entsprechend wird die Blockchain vom gesamten Netzwerk organisiert. Das Netzwerk wiederum setzt sich aus den Teilnehmern zusammen, die sich durch den Download der Software dem Netzwerk angeschlossen haben. Server, die von Unternehmen oder Institutionen an einem bestimmten Ort betrieben und zentral kontrolliert werden, sind damit nicht mehr nötig. Jeder einzelne Rechner, egal wo auf der Welt, stellt die Infrastruktur für das Netzwerk bereit. Durch dieses Funktionsprinzip wird die Notwendigkeit einer vermittelnden dritten Instanz unnötig. Banken, Notare, zentrale Serverbetreiber und viele andere können dadurch überflüssig gemacht werden.

Neben der technischen Effizienz und potentiellen Kostenersparnis ist es daher vor allem die Unabhängigkeit von zentralen Akteuren und Instanzen wie Staaten, Notenbanken oder großen IT-Unternehmen, die den Reiz der Blockchain ausmacht. Dazu gehört auch die Vermeidung von Intransparenz. Dadurch, dass jede jemals getätigte Transaktion in der Blockchain aufgezeichnet wird und von jedem eingesehen werden kann, handelt es sich um ein sehr transparentes System. Aus diesen Gründen ist die Nutzung der Blockchain nicht nur aus technischer und ökonomischer Sicht relevant, sondern auch aus gesellschaftlicher und politischer.

GESCHICHTE DER BLOCKCHAIN

Als J. C. R. Licklider im August 1961 die ersten Gedanken zum „Galactic Network" hatte, die später die Entwicklung des Internets vorangetrieben haben, ahnte der Forscher am MIT höchstwahrscheinlich noch nicht, welchen großen Einfluss diese Technologien auf die Weltgeschichte haben würden. Seine Vision, verschiedene Geräte auf der ganzen Welt miteinander zu vernetzen und aus der Ferne auf Daten und Programme zuzugreifen, war die erste dieser Art. Die Welt, in der wir heute leben, wäre zum damaligen Zeitpunkt nicht vorstellbar gewesen.

Maschinen waren einzelne Geräte, die ihre Aufgaben verrichteten. Basierend auf der Mathematik befolgten sie, was ihnen in Form von Programmen auferlegt wurde. Allein die Idee, Maschinen gegenseitig voneinander abhängig zu machen und über das Internet eine Kommunikation zu ermöglichen, lag damals nicht in unserer Vorstellungskraft.

Im Nachhinein betrachtet ist der technische Fortschritt, der sich seitdem im Bereich des Internets gezeigt hat, nahezu unglaublich. Im Jahr 1964 untersuchte der Informatiker Paul Baran auf Anfrage der US Air Force für die RAND Corporation, wie sich Kommunikationsnetzwerke gegen einen Nuklearangriff sichern lassen. Seine Forschungen (veröffentlicht in „On Distributed Communications") ergaben, dass dezentrale Netzwerke am besten gegen Ausfall gesichert sind. Darauf folgten Licklider und andere Forscher mit weiteren Versionen. So entwickelte man im Jahr 1969 das *Advanced Research Project Agency* (ARPA). Es war vornehmlich für Forschungszwecke gedacht und sollte das Problem der stark begrenzten Rechenkapazitäten an Universitäten lösen, indem man viele Ressourcen miteinander verknüpft, die physisch nicht direkt verbunden sind.

ARPA war für Menschen, die nicht in diesen Forschungsfeldern aktiv waren, keine technologische Revolution, die sie merklich spüren konnten. Schließlich war die Anwendung rein auf die Forschung beschränkt und eine private Nutzung aufgrund des hohen Aufwands zunächst undenkbar.

Die wichtigsten Kommunikationsmechanismen des Internets, die wir noch heute nutzen, gingen allerdings aus ARPA hervor. Im Jahr 1981 spezifizierte man unter anderem IPv4 und TCP. Das System der IP-Adressen IPv4 hielt sich bis 1998, als die neue Version IPv6 standardisiert wurde. Der erste wirkliche Anstieg der IPv6-Nutzung begann im Jahr 2013. Letztlich nutzen wir nach wie vor oft IPv4 und damit eine Technologie, die bereits im Jahr 1981 entwickelt wurde. Eine Langlebigkeit, die man dem Internet nur selten unterstellt.

Nachdem die grundlegenden Protokolle spezifiziert und entwickelt wurden, legte man den technischen Grundstein des Internets. Die Vision, dass Geräte drahtlos miteinander kommunizieren können, rückte immer näher: In den 2000er Jahren wurde das Internet zum Endprodukt für jedermann. Kleine Schwierigkeiten machten die Verbreitung der Technologie, die für viele Menschen zunächst unverständlich klang, etwas mühsam. Dennoch entwickelte sich das Internet mit einer unglaublichen Geschwindigkeit, sodass es heute längst zum Alltag gehört.

Was einst ein technisches Experiment war, von dem nur wenige wussten, ist heute eine allgegenwärtige Technologie. Sie krempelte die Arbeitsweise auf der gesamten Welt um. Das Internet trägt seinen Teil dazu bei, dass alle stetigen und kontinuierlichen Tätigkeiten automatisiert mit einer wesentlich geringeren Manpower durchgeführt werden können. Die reine Bereitstellung von Informationen bedarf nicht mehr eines physischen Weges wie bspw. der Post. Statt mehrere Tage auf die Zustellung zu hoffen, können Daten binnen Sekunden oder sogar in Bruchteilen von Sekunden ausgetauscht werden. Der Einfluss auf wirtschaftliche Prozesse ist gewaltig: McKinsey geht von einem Wachstum des Bruttosozialprodukts durch das Internet um 21 % in den Jahren 2006–2011 aus.

Man hat die Welt der Informationen zu einem liberalen Raum entwickelt. Sie sind nicht mehr nur der Oberschicht oder Forschern zugänglich, sondern jedem Menschen – und das in vielen Fällen sogar kostenlos. Kostenlose WiFi-Zugänge sollen in allen europäischen Städten verfügbar gemacht werden. Im Jahr 2020 soll dann noch das ultraschnelle Mobilfunknetz 5G gestartet werden.

Auch wenn es oft nicht so wahrgenommen bzw. von großen Medienportalen skizziert wird, bedeutet das Internet für uns vor allem eins: Wissen.

Wir strukturieren unsere Zusammenarbeit nicht mehr nur nach physischen Verfügbarkeiten und Mitarbeitern, die im selben Büro sitzen, sondern auch nach inhaltlicher Relevanz. Wir suchen lieber in einer Datenbank, auf die nahezu jeder Mensch Zugriff hat, eine Antwort auf unsere Frage, statt der Ideologie zu folgen, dass wir alles wissen müssen.

Wir spezialisieren uns, weil unser Beitrag in der Wirtschaft und Forschung besser ineinandergreifen kann. Wir müssen keine rudimentären Ergebnisse in einer großen Bandbreite liefern, sondern konkrete Feststellungen in sehr speziellen Teilgebieten. Wir können sie anschließend mit denen von anderen Experten vereinbaren, um gemeinsam eine stärkere Lösung zu entwickeln.

Die politischen, wirtschaftlichen und gesellschaftlichen Auswirkungen des Internets sind unglaublich und kaum unterzubringen, ohne den Rahmen dieses Buches zu sprengen. Wie aber können wir die Blockchain in der heutigen Zeit einordnen?

Stehen wir vor einer neuen Revolution in der Weltgeschichte, oder betrachten wir ein unter IT-affinen Menschen interessantes Produkt, das es nicht über die Entwicklung hinaus in die Verbreitung schafft?

DIE ANFÄNGE DER BLOCKCHAIN: UNVERHOFFTE VISIONEN

Geldtransaktionen funktionieren heute schneller als früher, was zunächst nicht sonderlich überraschend klingen dürfte. Schließlich stellen wir mittlerweile eine automatische Erwartung an die Weiterentwicklung jeglicher Prozesse, die sich digitalisieren lassen.

Schneller, besser und sicherer sollten sie sein. Das fällt den meisten Menschen vermutlich ein, wenn sie darüber nachdenken, wie sich Transaktionen von Werten und Geld verbessern ließen.

Eine ganz andere Idee hatte Satoshi Nakamoto im Jahr 2007. Nakamoto selbst steht für ein Pseudonym. Ob er einer Einzelperson, einer Institution oder einem Staat zugeordnet werden kann, ist bis heute nicht bekannt. Er wollte das herkömmliche Bankensystem nicht mit Änderungen am Transaktionssystem verbessern, sondern ein neues System in sich entwickeln. Im Jahr 2008 veröffentlichte er das Paper Bitcoin: A Peer-to-Peer Electronic Cash System, indem er seine Vision von einem Geldsystem erklärte, das ohne die Regulierung durch eine dritte Partei auskommt.

Nakamoto gefiel das herkömmliche Geldsystem nicht. Es basiert letztlich einzig und allein auf dem Vertrauen in eine einzige Partei. Für die meisten Transaktionen sei das Modell ausreichend, dennoch verlasse man sich immer auf ein vertrauensbasiertes System, erklärt er in dem Paper sinngemäß.

Transaktionen sind schließlich ein Vermittlungsgeschäft, zumindest dann, wenn man sich im klassischen Weltbild des Systems befindet. Die Vermittlerrolle von Banken als dritte Partei macht die Transaktionen umständlicher und teurer, fand Nakamoto. Er wünschte sich ein System, dass nicht manipulierbar ist, aber dennoch ohne die Kontrolle durch eine dritte Partei auskommt. Selbstverständlich ist es nicht möglich, im Falle eines Konflikts automatisch eine Lösung zwischen zwei Parteien zu erzielen, ohne dass ein Eingriff durch eine dritte Partei erfolgt. Doch sein System ist anders: Nicht die Bank, sondern alle anderen Personen stellen sicher, dass die Transaktion korrekt vonstattengeht.

Das Prinzip der Blockchain, wörtlich übersetzt einer Kette (Chain) von Blöcken (Block), soll diesen Service liefern. Automatische Transaktionen, die nicht von Mitarbeitern händisch geprüft werden, müssen in kürzester Zeit vonstattengehen und möglichst nicht manipulierbar sein: So sollte die Blockchain sein.

Nichts liegt deshalb näher, als sich auf das Prinzip der Mathematik zu verlassen: Funktionen zeichnen sich durch einen Determinismus aus, den man beim Menschen nicht findet: Ohne Fehlbarkeit und ohne Emotion.

Damit befindet man sich gleich wieder in der generellen Idee hinter Maschinen: Zwischen 0 und 1 bzw. wahr und falsch entscheiden zu können, ohne dabei aus der Regel zu fallen.

Die Form der Digitalisierung, die Banken bis zum Jahr 2008 durchlaufen haben, basierte keinesfalls auf Prinzipien dieser Art. Sie bildete vielmehr das bestehende System auf einen elektronischen Rahmen ab, der den Prozess nur automatisiert, in sich aber nicht sehr unterschiedlich, durchführte.

Das alles passiert sehr schnell: Nachdem die Domain bitcoin.org registriert und das Paper veröffentlicht wurde, wurde das Bitcoin-Projekt im November 2008 erstmals auf SourceForge erstellt, einer Plattform für Entwickler und Open-Source-Projekte. Kurz darauf wurde am 3. Januar 2009 der erste „Block 0“ gemined, der sogenannte „Genesis-Block“. In der Version 0.1 ergänzt man bereits neue Features wie die Limitierung auf eine feste Menge an Bitcoins, die jemals existieren können. Schließlich findet das System am 12. Januar 2009 seine erste Anwendung, als die erste Bitcoin-Transaktion durchgeführt wird.

Während noch im gleichen Jahr Version 0.2 veröffentlicht wird, wird der Patentantrag angenommen und Bitcoin daher als Anwendung des Systems geschützt. Ein nach wie vor historischer Moment geschieht im Mai 2010: 10.000 Bitcoins hatte ein Nutzer damals für eine Pizza ausgegeben, der damalige Wert betrug ca. 25 $. Eine mehr oder minder nennenswerte Tat, wie sich später bei der Entwicklung des Umtauschkurses herausstellt. Zu Höchstzeiten des Bitcoin-Kurses entsprach diese Menge einem Millionenbetrag in Dollar bzw. Euro.

Ein weiterer Meilenstein, der dem Bitcoin in den Massenmedien leider immer schwer zu schaffen macht, ist im Jahr 2011 die Eröffnung von Silk Road, einem riesigen Marktplatz für Rauschgift und Waffen im Darknet.

In den Jahren 2012 und 2013 folgte die erste Akzeptanz der Digitalwährung: Wordpress.com beispielsweise integrierte Bitcoin als Zahlungsmethode. Der Bitcoin als greifbare Anwendung der Blockchain erlangte damit zunehmende Aufmerksamkeit in einem wachsenden Netzwerk. So folgte 2014 die Bitcoin-Akzeptanz von airBaltic als erster Airline, die diesen Schritt wagte.

Während damals vor allem Bitcoin im Zentrum der dezentralen Blockchain-Technologien stand und der Fokus stark auf Geldtransaktionen gelegt wurde, beschäftigt sich die Branche zunehmend mit der Blockchain als eigener Technologie. Neue Themenfelder wie Smart Contracts gehen dabei weit über reine Zahlungsabwicklungen hinaus und basieren auf demselben Prinzip der

Blockchain.

Nun stehen wir vor einer Zeit, in der die Blockchain-Technologie große Bewegungen erfährt: regulatorisch, technisch und gesellschaftlich. Die Internet-Legende Marc Andreessen spricht bei der Blockchain von einer Innovation, wie es damals das Internet war.

KAPITEL 2 EINE EINFÜHRUNG IN DIE KRYPTOGRAPHIE

Um zu verstehen, was die Blockchain sicher macht und was Kryptowährungen mit der Entwicklung zu tun haben, müssen wir uns für ein grundlegendes Verständnis zunächst mit der Kryptographie vertraut machen. Die Kryptowährungen benutzen die Blockchain als Grundlage und beziehen ihren Namen von der „Lehre der Verschlüsselung". Die Geschichte der Kryptographie geht in der Menschheitsgeschichte weit zurück. Kryptographie leitet sich von den griechischen Worten *kryptós* (zu Deutsch *„verborgen"*, *„geheim"*) und *gráphein* (zu Deutsch *„schreiben"*) ab. Diese ergeben unser modernes deutsches Lehnwort Kryptographie, die „Wissenschaft der Verschlüsselung".

Das Versenden von Nachrichten war gerade in der Vergangenheit ein immer kompliziertes Unterfangen, da man völliges Vertrauen in den Überbringer der Botschaft haben musste. Bereits hier kann uns das grundlegende Problem des Vertrauens bewusst werden; der zentrale Punkt, um den sich alles in der Blockchain-Technologie dreht. Um den Einstieg etwas zu erleichtern, beginnen wir mit Beispielen aus der Vergangenheit und die damit einhergehende Entwicklung der Kryptographie.

Zu Zeiten des antiken römischen Imperiums mussten diplomatische Botschaften zwischen den Verwaltungen hin und her geschickt werden. Diese Nachrichten reichten von einfachen verwalterischen Informationen über strategisch wichtige militärische Operationen und Anweisungen. Doch nicht nur das, auch geheime Informationen politischer Figuren mussten irgendwie einen sicheren Weg zum Ziel finden. Faktoren, die hierbei die wichtigste Rolle spielen, werden nachfolgend dargestellt und erklärt.

Eine vernünftige Kommunikation ist nur unter der Prämisse der Vertraulichkeit erreichbar. Strategische Information, die vor Erreichen der Front abgefangen werden, könnten zu fatalen Hinterhalten, Niederlagen und anderen Tragödien führen. Wie in anderen Bereichen, die heutzutage völlig selbstverständlich im zivilen Sektor genutzt werden, ist auch hier das Militär Vorreiter gewesen.

Erste sogenannte Chiffrier-Algorithmen beinhalteten das Verschieben des Alphabets um eine bestimmte Anzahl an Stellen. Ein Algorithmus ist im Grunde wie ein „Rezept“, eine Handlungsabfolge. Diese Verschiebung wurde nun auf einen Text angewendet, um diesen unlesbar zu machen. Aus dem Wort „Caesar“ könnte mit einer einmaligen Alphabet-Verschiebung „Dbdtbs“ werden. Der Empfänger war sich durch vorherige Absprache über die Anzahl der Verschiebungen bewusst und konnte somit die Chiffre, also das „Verschlüsselte“, wieder in den sogenannten „Klartext“, den ursprünglichen Text, zurückversetzen. Buchstaben werden dabei einfach durch einen anderen Buchstaben ersetzt, der sich aus der Verschiebung ergibt. Bei einer Chiffrierung mit der Verschiebung zwei bspw. würde man das „A“ durch ein „C“, das „B“ durch ein „D“ usw. ersetzen, um die verschlüsselte Zeichenfolge zu erhalten. Dieses Ersetzen nennt sich „Substitution“.

Natürlich lässt sich an dieser Stelle schon anmerken, dass ein solcher Chiffrier-Algorithmus seine Schwächen hat. Durch einfaches Ausprobieren lässt sich diese, nach Julius Caesar benannte Caesar-Verschlüsselung knacken. Die Wahrscheinlichkeit für einen Angriff auf diese Verschlüsselung mag zu damaliger Zeit gering gewesen sein, da die Alphabetisierungsrate im Gegensatz zu heute verschwindend gering war. Anhand von Verschlüsselung sehen wir den ersten wichtigen Aspekt der Kryptographie, die Vertraulichkeit, gewährleistet.

Doch was ist mit Informationen, in denen jemand eine Identität vorgaukelt? Was ist, wenn ein solcher Betrüger absichtlich falsche Informationen an die Truppen liefert, oder eine Verschwörung vorgaukelt, die von einem angeblichen Senatsmitglied eingeleitet wurde? Man mag sich vorstellen, welche politischen und militärischen Konsequenzen dies mit sich ziehen würde. Man stelle sich bloß vor, wie verheerend falsche Informationen gerade in der heutigen Zeit der Informationstechnologie sein könnten. Verlassen wir für einen kurzen Moment einmal diplomatische und militärische Beziehungen und schauen uns den Aktienmarkt an. Wie verheerend wären falsche Aussagen über den Preis eines Derivats? Was würde passieren, wenn eine Nachricht von einem CEO an die Öffentlichkeit käme, dessen Absender aber gar nicht er selbst, sondern ein Betrüger war?

Anhand dieser Beispiele erkennen wir, dass ein zweiter wichtiger Aspekt der Kryptographie gewährleistet sein muss. Dieser Aspekt ist die Authentizität. Erläutern wir das wieder anhand der Beispiele aus der Antike. Damalige Hochkulturen, wie die Griechen und die Ägypter, verwendeten einen Ast, den man entzweigebrochen hat. Die Enden dieses Astes passten perfekt ineinander und konnten somit verifizieren, dass der Sender der Botschaft, sollte er einen Teil des ursprünglichen Astes mit sich tragen, eine Beziehung zu der Person besitzt, die die andere passende Hälfte besitzt.

Damit sind zwei der drei wichtigen kryptografischen Aspekte abgedeckt. Doch welche Eigenschaften muss ein kryptographischer Algorithmus noch besitzen, um nahezu perfekte Sicherheit gewährleisten zu können?

Nehmen wir an, ein Bote reist aus Griechenland Richtung Rom. Seine Nachricht ist mit der Caesar-Verschlüsselung verschlüsselt und er besitzt ein Ende eines Astes, dessen gegensätzliches Ende nur ein Senator in Rom besitzt, der zusätzlich auch noch der Empfänger der Nachricht ist. Nun reist der Bote los, mit der verschlüsselten Nachricht im Gepäck und dem Zeichen seiner Authentizität in der Hand. Auf verschiedenen Stellen der Reise kommt er in einigen Gasthäusern unter und – möglicherweise – legt er in einem Augenblick der Unachtsamkeit seine wichtige Nachricht weg. Die Feinde Roms sind ihm bis dahin gefolgt und der Bote selbst ist nicht auf seine Verfolger aufmerksam geworden. Nun ruht er sich aus. Es reicht, dass die Angreifer lediglich ein Wort in dem Brief ändern oder ein Wort hinzufügen, um die gesamte Aussage der Botschaft umzukehren. Aus dem Satz „Schickt Verstärkung nach Athen“ könnte „Schickt keine Verstärkung nach Athen“ werden.

Der Träger dieser eiligen Depesche reist nun unbehelligt Richtung Rom weiter und überbringt die Nachricht dem Senator. Der Senator prüft die Authentizität der Nachricht und stellt fest, dass diese Nachricht von seinem diplomatischen Partner in Griechenland versendet wurde. Durch eine Vereinbarung, die bereits vorher getroffen wurde, weiß der Senator, um wie viele Stellen das Alphabet verschoben wurde und *dechiffriert* die Nachricht. Er stellt fest, dass keine weiteren Truppen mehr in Griechenland benötigt werden und fällt damit die Entscheidung keine weiteren Truppen mehr Richtung Athen zu schicken.

An diesem Beispiel wird uns klar, dass wir einen weiteren Aspekt für die Kryptographie berücksichtigen müssen: Integrität, die Vollständigkeit und Unversehrtheit der Nachricht. Integrität ist ein wichtiger Bestandteil und macht den letzten der drei Grundpfeiler der Kryptographie aus. Ein damals weit verbreiteter Akt der Wahrung der Integrität war das Stempeln eines königlichen Siegels. Wenn es gebrochen wurde, war die Integrität der Nachricht nicht mehr gewährleistet. Wir fassen also zusammen: Vertraulichkeit, Authentizität und Integrität legen die drei Grundvoraussetzungen an einen funktionierenden kryptographischen Algorithmus.

Über Jahrhunderte hinweg hat sich die Kryptographie weiterentwickelt und mit dem Brechen bestehender kryptographischer Algorithmen entwickelten sich neuere und bessere Algorithmen. Mit dem Aufkommen moderner Kriegsführung und Technologie wurde auch im Militärsektor immer mehr an Kryptographie geforscht.

Während des II. Weltkriegs nutzte das Militär der Vereinigten Staaten von Amerika Angehörige des Stammes der *Navajo*, um den Navajo-Code zu entwickeln. Der Grund lag in der großen Komplexität der Sprache, welche mit keiner der europäischen oder asiatischen Sprachen verwandt ist. Außerdem waren die Navajo die einzigen Ureinwohner, die noch nicht von deutschen Forschern besucht worden waren. Der Navajo-Code wurde von Funkern hauptsächlich im Pazifikkrieg eingesetzt. Dutzende in der Sprache der Navajo nicht-vorhandene Begriffe des Militärs und der Seefahrt wurden aus bereits bestehenden Wörtern gebildet. So behalf man sich mit Begriffen aus der Natur, zum Beispiel Fisch und Vogel, um bestimmte Schiffstypen und Flugzeugtypen voneinander zu unterscheiden. Der Code blieb bis Kriegsende ungeknackt.

In Deutschland wurde ein eher technischer Ansatz verfolgt, um Sicherheit zu gewährleisten. Der Erfinder und Elektroingenieur Arthur Scherbius entwickelte die sogenannte Enigma, dessen Name sich vom griechischen Wort für „Rätsel“ ‚*ainigma*‘ ableitet. Es handelt sich um ein elektronisches Gerät zur Verschlüsselung und Entschlüsselung von Nachrichten. Seine Idee wurde durch das Aufkommen von Schreibmaschinen und elektronischen Komponenten ermöglicht. Die Erfindung sollte zunächst Einsatz in zivilen Prozessen finden, erste Geräte wurden auf Messen kommerziell angeboten. Obwohl er mit seiner Erfindung auch den Kontakt zur kaiserlichen Kriegsmarine suchte, entwickelte das Militär erst in den Folgejahren nach 1923 ein Interesse an Scherbius‘ Maschine. Die Reichswehr und besonders die Wehrmacht nutzten seine Erfindung und nahmen sie während der Übernahme vom kommerziellen Markt. Scherbius verstarb bei einem Unfall 1929 – dass seine Erfindung die Verkörperung der Verschlüsselung im II. Weltkrieg darstellen würde, erlebte er nicht mehr.

Gerade die Verwendung in der Kriegsmarine, speziell auf U-Booten, sind bis heute als die bekanntesten Einsatzgebiete der Enigma bekannt. Grob zusammengefasst wird ein Text, im kryptographischen Bereich auch Klartext genannt, durch verschiedene Aktionen innerhalb der Enigma chiffriert. Man nutzte einen Strom, dessen Spitzen zufällige Zeichen über eine Walze in andere Zeichen chiffriert haben. Für jeden Buchstaben wurde damit ein anderes Verschlüsselungsalphabet verwendet, nach damaligen Standards durfte die Enigma lange Zeit als „unknackbar“ angesehen werden.

Der englische Mathematiker Alan Turing trat erst 1940 dem britischen Team bei, das mit der Entschlüsselung der Enigma beauftragt wurde. Er stellte als Erster mathematische Berechnungen an und baute eine Rechenmaschine, die unter dem Spitznamen *Turing-Bombe* bekannt war. Der Name leitet sich aus den riesigen zylinderartigen Bauteilen der Rechenmaschine ab, die wie

Bomben aussahen.

Die Schwachstelle des Enigma-Apparats lag in der Verschlüsselung der einzelnen Zeichen, denn ein Zeichen konnte chiffriert nie dasselbe Zeichen ergeben, dass es ursprünglich war. So konnte ein „A“ niemals chiffriert ein „A“ ergeben. Mit ausreichend Material im Sinne von ausreichend abgefangenen Nachrichten war die Dechiffrierung irgendwann möglich.

Nach dem Krieg änderte sich die Welt der Kryptographie. Durch das Aufkommen des Computers gab es nun eine Rechenmaschine, die das bloße Ausprobieren, in Fachkreisen *Exhaustionsmethode* oder *Bruteforce-Methode* genannt, auf bis dahin ungeahnte Ebenen führen konnte. Die Kryptographie erreichte wieder den zivilen Sektor. Die zunehmend elektronische Datenverarbeitung erforderte Datenschutz und somit neue kryptographische Mechanismen.

Ein wichtiges Kapitel der zivilen Nutzung von Kryptographie war und ist die Cypherpunk-Bewegung, die 1992 aufkam. Diese Bewegung sah in der Privatsphäre eine der zentralen Voraussetzungen für eine offene Gesellschaft, womit sie im digitalen Zeitalter eine Art Eigentum darstellt. Um dieses Eigentum zu schützen, haben sich innerhalb der Cypherpunk-Bewegung viele Mitglieder für die Entwicklung schwer knackbarer Verschlüsselungsverfahren stark gemacht.

Die Entwicklung anspruchsvoller Kryptographie, die selbst mit Großrechnern nicht mehr gebrochen werden konnte, führte in den 1990er Jahren dazu, dass die Nutzung verboten werden sollte bzw. der Export kryptographischer Algorithmen unter das Exportgesetz für Waffen fallen sollte. Zuletzt im Juli 2016 forderte die deutsche Bundeskanzlerin Angela Merkel Maßnahmen zur Entschlüsselung der Internet-Kommunikation für die Terror-Bekämpfung.

Tatsächliche Überwachung ist bereits seit Jahren im Gange, wie eine Studie der STOA – Scientific and Technological Options Assessment des Europaparlaments – zeigte. Große Beispiele sind unter anderem das ECHELON-System, das von den Five Eyes (USA, Kanada, Großbritannien, Australien und Neuseeland) betrieben wird. Ursprünglich diente es zur Überwachung des Ostblocks in Zeiten des Kalten Krieges, doch heute überwacht es Satellitenverbindungen und Transatlantikkabel. Einzelpersonen, wie auch Unternehmen und Organisationen.

Der Schritt zur Totalüberwachung ist somit bereits getan. Dadurch sollte jeder dieser Thematik ein besseres Augenmerk schenken. Kryptographie gibt, wie es die Cypherpunks schon darstellten, dem Individuum ein großes Stück Selbstbestimmung zurück. Nicht ohne Grund werben viele beim Bitcoin mit „Sei deine eigene Bank!“. Das Verständnis kryptographischer Methoden zeigt, wie unheimlich sicher die Blockchain ist und erklärt dadurch, warum nach 100 Jahren Enigma-Verschlüsselung wieder Banken und andere Institutionen an neuen Technologien auf Basis der Kryptographie interessiert sind. Welche kryptographischen Methoden werden also bei der Blockchain verwendet?

KRYPTOGRAPHISCHE METHODEN DER BLOCKCHAIN

SHA

Um das Ziel der Integrität zu gewährleisten, nutzen Blockchains sogenannte Hashfunktionen. Diese Algorithmen können einen Fingerabdruck einer Information anstellen. Eine Hashfunktion kann damit eine Zeichenfolge beliebiger Länge aufnehmen und bildet sie auf einer Zeichenfolge fester Länge ab. Eine international anerkannte und starke Hashfunktion ist der „Secure Hash Algorithm", auch SHA, welcher von dem National Institute of Standards and Technology (NIST) und der National Security Agency (NSA) entwickelt wurde. Im Internet gibt es Tools, um sich den SHA-256-Hash einer Zeichenfolge berechnen zu lassen.

Im Folgenden das Beispiel eines SHA-256-Hashes zu der Zeichenfolge „Affe".

- Der SHA-256-Hash der Zeichenfolge „Affe" ist: 63669810c995d3daf05e109f6dd4d7c9a441b7532be9ac9d96ff4bb994de1211

Der Hash ist wie ein Fingerabdruck der Zeichenfolge. Der Fingerabdruck ist einzigartig, zusätzlich können keine Rückschlüsse des Hashes auf die Ursprungsinformation gezogen werden. Damit kann man Hashes vergleichen und sehen ob die ursprüngliche Information dieselbe ist, ohne aber wissen zu müssen was die ursprüngliche Information war. Ändern wir eine Stelle im Ursprungstext.

- Der SHA-256-Hash der Zeichenfolge „Affe" ist: 58eeb629a79a658038ab78aec039a752cfeec3d967fa9298ca8529bdd2923a89

Man könnte zunächst erwarten, dass der „Fingerabdruck“ leicht abgewandelt sein könnte, tatsächlich aber haben die Hashes keineswegs Ähnlichkeiten miteinander. Ändern wir die ursprüngliche Information noch ein wenig ab:

- Der SHA-256-Hash der Zeichenfolge „Afe“ (mit nur einem „f“) ist: aaee507860e05378b4793a3a35662baeece399366c61 8226b88c5d381924e7f8

In der Kryptographie spricht man hier von einem „Lawineneffekt“. Im Grunde bedeutet dies, dass eine kleine Änderung im Klartext zu einer massiven Änderung im Ergebnis führen wird. Hashes eignen sich also perfekt, um wie mit einer Lupe auf Veränderungen zu schauen und diese (stärker) sichtbar zu machen. Hashes werden beim Bitcoin für die Verarbeitung von Blöcken eingesetzt, doch dazu später mehr.

Entscheidend an Hashalgorithmen ist also, dass sie in eine Richtung sehr einfach berechnet werden, aber schwer umgekehrt werden können. Den Hashwert für das Beispielwort „Affe“ zu erzeugen dauert nur Bruchteile einer Sekunde, während es nahezu unmöglich ist, den SHA-256-Wert zurückzukodieren, um das Wort „Affe“ zu erhalten. Lediglich die Bruteforce-Methode kann hier helfen.

HINTERTÜREN

Doch was wäre, wenn Geheimdienste wie die NSA eine Hintertür eingebaut haben? Aus diesem Grund werden kryptographische Methoden heutzutage veröffentlicht. Die Struktur und der Quellcode können für alle sichtbar sein, somit kann sich jeder von der Sicherheit überzeugen. Kryptographie-Experten auf der ganzen Welt untersuchen solche Algorithmen und verifizieren ihre Sicherheit. Diese Handhabung ist auch als Open-Source bekannt und der „Security through obscurity“ gegenübergestellt.

Diese Offenlegung hat zweierlei Vorteile:

- Sicherheit durch Geheimhaltung (die deutsche Übersetzung zu „Security through obscurity“) ist praktisch viel geringer als eine Offenlegung. Dies liegt darin begründet, dass es mit steigender Komplexität viel schwieriger wird Fehler oder Schwachstellen zu finden. Da Experten und der Bildungssektor an diesen Mechanismen arbeiten können, kann man somit mit einer stetigen Verbesserung eines kryptographischen Algorithmus rechnen.
- Hintertüren oder Abhörmechanismen sind dadurch ausgeschlossen, da sie sofort auffallen würden. Dies gilt jedoch nur bei der Offenlegung des Quellcodes.

AES

Die symmetrische Verschlüsselung Advanced Encryption Standard (AES) findet ebenfalls Anwendung unter Blockchains. Sie wurde bei einem Wettbewerb des National Institute of Standards and Technology (NIST) von den Entwicklern Joan Daemen und Vincent Rijmen eingereicht und gewann. Damit ist sie seit Oktober 2000 offizieller Standard. Top-Secret-Dokumente in den USA werden mit dieser Verschlüsselung gesichert.

Symmetrische Verschlüsselungen benutzen zur Verschlüsselung und zur Entschlüsselung denselben Schlüssel. Asymmetrische Verfahren, wie später angesprochen, benutzen hingegen für die Verschlüsselung einen anderen Schlüssel als zur Entschlüsselung einer Information. Ein Schlüssel ist eine Bitfolge, die mit dem Klartext verbunden wird, um eine Chiffre zu erhalten. Schwache Schlüssel haben in der Vergangenheit dazu geführt, dass

Computernachrichten durch die Bruteforce-Methode geknackt werden konnten: Es wurde einfach jeder mögliche Schlüssel in einer unglaublich hohen Frequenz ausprobiert, bis der richtige Schlüssel gefunden wurde.

AES unterstützt eine Schlüssellänge von 256 Bits. Das bedeutet, dass der Schlüssel eine binäre Zahl mit 256 Stellen ist. Binäre Zahlen können den Wert „1“ oder „0“ haben. Folgendes Beispiel für die Zahlenreihenfolge 0 bis 3 im Dezimalsystem und Binärsystem:

- Dezimal: 0 1 2 3
- Binär 00 01 10 11

Der Grund, warum hier bei „0“ angefangen wird, liegt daran, dass in der Informatik bestimmte Datenstrukturen die „0“ erfordern und es damit handlicher ist, sie direkt mit einzubinden. Wir können nun herausfinden, wie viele unterschiedliche Kombinationen ein 256-bit-Schlüssel annehmen kann, indem wir die Basis „2“ mit der Größe des Schlüssels potenzieren. Es ergibt sich: 2^{256}.

Das Ergebnis in dezimaler Schreibweise ist etwas mehr als eine 115 mit 75 weiteren Stellen. Ein Security-Experte der Zürcher Software-Schmiede Netcetera bestätigte in einem Interview, dass man mit einem Supercomputer, der eine Milliarde Schlüssel pro Sekunde ausprobiert, einen 256-bit-Schlüssel in $3 * 10^{51}$ Jahren knacken könnte. Anzumerken sei, dass es einen solchen Computer noch nicht gibt und dass dieser Zeitpunkt der Entschlüsselung, bei jetzigem Start, nach dem Sterben der Sonne und nach dem Zerfall unserer Milchstraße kommen würde.

Die Sicherheitsmechanismen aus dem Bereich der Kryptographie sind für die Blockchain also unschlagbar, die Anzahl der Sterne im Universum ist gegen die Anzahl der möglichen Schlüssel eine lächerlich kleine Zahl.

RSA UND ECC

Die asymmetrischen Kryptoverfahren RSA und ECC funktionieren mit öffentlichen und privaten Schlüsselpaaren (public and private Keys). Während wir uns symmetrische Verfahren wie handelsübliche Schlösser mit einem Schlüssel vorstellen können, funktionieren asymmetrische Verfahren eher wie ein Briefkasten und ein Schlüssel. Besitzt Alice den Public Key von Bob, so kann sie ihm eine verschlüsselte Nachricht schicken. Das kann man sich so vorstellen, als würde sie eine Nachricht in Bobs Briefkasten werfen. Niemand anderes hat Zugriff auf Bobs Briefkasten. Er selbst besitzt den Private Key und kann den Briefkasten öffnen und somit die Nachricht entschlüsseln. Darüber hinaus kann man mit dem Private Key Nachrichten signieren. Digitale Signaturen stellen die Authentizität der Nachricht sicher, somit kann Bob mit Hilfe des Public Key und der von Alice signierten Nachricht feststellen, ob die Nachricht wirklich von Alice kam.

Das RSA-Kryptosystem ist das bekannteste Kryptoverfahren aus diesem Bereich. Es wurde 1983 als Patent von den Mathematikern Rivest, Shamir und Adleman angemeldet. Ähnlich wie Hashfunktionen zielen asymmetrische Kryptoverfahren auf Berechnungen mit Ausgangsvariablen ab, die man schnell durchführen kann. Das Ergebnis soll aber unmöglich, oder nur sehr schwer wieder in seine Ausgangsvariablen aufzulösen sein. Bei RSA wird dies durch die Multiplikation von Primzahlen durchgeführt. Zwar ist es einfach sie zu multiplizieren, doch die Zerlegung einer Zahl in ihre Primfaktoren erweist sich als viel schwieriger.

Die Elliptic Curve Cryptography (ECC) ist ebenfalls ein

asymmetrisches Verschlüsselungssystem. Es wird im Bitcoin eingesetzt und verschlüsselt bzw. signiert dort Transaktionen. Hier werden mathematische Operationen von zwei Punkten auf einer elliptischen Kurve durchgeführt. Das Ergebnis ist ein weiterer Punkt auf der Kurve. Ähnlich wie bei RSA ist die Berechnung eines Ergebnisses auf der Kurve wieder um viele Größenordnungen einfacher als das Zurückrechnen eines Ergebnisses in seine Ursprungsvariablen.

KAPITEL 3 WIE FUNKTIONIERT DIE BLOCKCHAIN?

Blockchains sind dezentrale Datenstrukturen. Um diese Dezentralität stärker zu betonen, spricht man, gerade im Finanzsektor, oft auch von der „Distributed Ledger Technology“. Diese Technologie zeichnet sich durch ihre Dezentralität, Sicherheit und Verfügbarkeit aus. Woher diese Eigenschaften kommen, wird durch die folgende Erklärung der Funktionsweise der Blockchain erläutert.

Für die folgende Erklärung ist es von Vorteil das erste Szenario zu nennen, das zusammen mit einer Blockchain aufgetreten ist: ein Geldsystem.

Grundlage eines Geldsystems ist Vertrauen. Vertrauen in das Geldsystem an sich, aber auch Vertrauen gegenüber anderen Teilnehmern des Geldsystems. Dies beschränkt sich nicht nur auf Geld an sich, sondern auf jede Anlage, die einen Wert besitzt. Bargeld hat nun den Vorteil, dass man eine Transaktion, also die Übergabe eines Werts, selbst überwachen kann. Für die Sicherheit ist man also selbst zuständig.

Im Online-Zahlungsverkehr gilt ein weiteres Vertrauen dem Vermittler. Finanzinstitute überweisen das Geld, was man ursprünglich persönlich überreicht hätte, oder speichern es in Konten. Aufgrund vieler Zwischenschritte können Überweisungen zwischen Tagen und Wochen dauern. Und obwohl die Bankensysteme ebenfalls digitalisiert sind, können Fehler immer noch von Menschen begangen werden.

Ein Handel auf Vertrauensbasis ist mit einer Blockchain nicht mehr notwendig. Durch die Kryptographie ist es möglich *Vertraulichkeit*, *Authentizität* und *Integrität* von Nachrichten, und damit auch von Transaktionen, zu erhalten. Als Satoshi Nakamoto das Bitcoin-Whitepaper veröffentlichte, gab es nach jahrzehntelangen Versuchen ein funktionierendes Beispiel digitalen Geldes, das keine Vermittler benötigte.

In den letzten Jahren der Blockchain-Entwicklung entwickelten sich zwei Lager unter dem Begriff der Blockchain:

- Die Public Blockchains, oder auch permissionless Ledger
- Die Private Blockchains, oder auch permissioned Ledger

Die Blockchain des Bitcoins beispielsweise gehört zur Variante 1. Zunächst werden die grundlegenden Begriffe und die Funktionsweise an der Public Blockchain erklärt. Da die Private Blockchain chronologisch betrachtet eine Abwandlung der Public-Variante ist, wird im Nachhinein auf die Unterschiede zur Private Blockchain eingegangen.

SICHERHEIT UND ANONYMITÄT

Transaktionen in einem Blockchain-Netzwerk gelten als *unabänderlich*, oder um es im englischen Fachausdruck zu nennen, als *immutable*. Das bedeutet, ein gemachter Eintrag in die Blockchain ist nicht mehr löschbar oder veränderbar. Die einzige Möglichkeit wäre es, gegen die ganze Blockchain-Historie zu schürfen, was praktisch unmöglich ist.

Diese Unabänderlichkeit bedeutet, dass einmal getätigte Transaktionen auch nicht wieder rückgängig zu machen sind. Transaktionen, die Besitzansprüche darstellen, können beispielsweise nicht einfach „übernommen“ werden. Besonders interessant hat sich das im Bereich der Katasterämter entwickelt.

Diese verwalten die Rechte über oberirdische Flächen. Landraub ist gerade in Ländern mit Diktaturen ein schweres Problem, die Enteignung der Flächen durch Zerstören oder bloßes Fehlen von Unterlagen zerstört ganze Existenzen.

Ein Eintrag in eine Blockchain, die von einem Katasteramt verwaltet wird, würde ein solches Ändern ohne rechtliche Grundlage theoretisch unmöglich machen.

Eine Adresse, wie in etwa die Adresse eines Bitcoin-Wallets in einem Blockchain-Netzwerk, ist so sicher wie die Aufbewahrung des privaten Schlüssels. Einen privaten Schlüssel zu hacken dauert, wie oben unter „AES“ vorgerechnet, länger als einen Zeitraum, der jemals von einem Menschen überlebt werden könnte. Somit ist die Aufbewahrung eines Wertes in der Blockchain teilweise sicherer als ein Banktresor. Jedoch ergibt sich eine immense Gefahr beim Verlust des privaten Schlüssels.

RING-SIGNATUREN

Außer der immensen Sicherheit, Robustheit und Unumkehrbarkeit der Transaktionen, können Blockchains ihren Nutzern zusätzlich die Möglichkeit geben, völlig anonym zu werden. Ein Beispiel für eine völlig anonyme Kryptowährung ist Monero (XMR). Monero nutzt sogenannte Ring-Signaturen, welche eine speziellere Form der Signaturen sind, die bei Bitcoin oder Ethereum genutzt werden.

Ring-Signaturen haben die Besonderheit Transaktionsströme zu bestätigen, ohne dabei wissen zu müssen, wer die einzelnen Teilnehmer sind. Diese Signaturen funktionieren so, als würde man mit einer Gruppe Leute in ein Casino gehen. Dort kauft man Chips und bekommt einen Beleg dafür. Die Chips aller Leute werden auf einem Stapel gelagert. Beim späteren Herausgehen kann nun jeder seinen Beleg dafür nutzen, um seinen Anteil Chips vom Stapel zu nehmen.

Was nun als Echtwelt-Beispiel sehr simpel klingt, enthält zwei wichtige Aspekte:

- **Anonymität:** Niemand kann die Transaktionen von außerhalb (des Casinos) beobachten. Es ist auch nicht möglich andere Informationen wie den Kontostand anderer Teilnehmer aufzurufen. Transaktionen innerhalb des XMR-Ökosystems sind völlig anonym.
- **Austauschbarkeit** („Fungibilität"): Alle Monero-Coins besitzen tatsächlich den gleichen Wert und sind völlig austauschbar. Das ist bei Bitcoin nicht der Fall. Einzelne Bitcoins wurden nachweislich in kriminelle Aktivitäten verwickelt und wurden deswegen nicht mehr als Zahlungsmittel akzeptiert. Dies ist vor allem ein Nachteil für jene, die nichts von der Geschichte dieser Coins gewusst und betroffene Coins auf einer Börse erworben haben.

Durch diese Eigenschaften können wir also die Vorteile einer digitalen Währung mit den Vorteilen des Bargelds verbinden. Doch Geld ist nur einer von vielen Anwendungsbereichen der Blockchain.

PUBLIC BLOCKCHAIN

Die dezentrale Natur der Blockchain bedingt, dass es einen Mechanismus zur Übereinstimmung des Netzwerkstatus gibt. Dieses Problem mag bei einer zentralisierten Lösung kaum existent sein, da man dort von einer

Quelle ausgehen kann, von der alles Weitere abgeleitet wird. Diese Übereinstimmung in einem koordinierten dezentralen Netzwerk nennt sich *Consensus*, das ähnlich dem deutschen Begriff „Konsens“ ist. Schließlich muss sichergestellt werden, dass alle Teilnehmer des Netzwerks auf dem gleichen Stand der Dinge sind und eine Informationssymmetrie herrscht.

Ein wichtiger Algorithmus, um *Consensus* zu erreichen, ist der sogenannte *Proof-of-Work* (PoW). Der Begriff lässt sich lose mit „Arbeitsnachweis“ übersetzen. Der Proof-of-Work, darunter das 1997 entwickelte und im Bitcoin benutzte Hashcash, war ursprünglich als Algorithmus vorgesehen, um DoS-Angriffe und (E-Mail-)Spam zu unterbinden. DoS ist die Abkürzung von *Denial-of-Service* und beschreibt die Inaktivität eines Dienstes durch Netzwerküberlastung bzw. Überlastung durch ein zu großes Anfragevolumen. Der Name des PoW-Algorithmus Hashcash lässt zurecht auf die Nutzung von Hashfunktionen, wie SHA-256, schließen.

Um Spamming zu verhindern, fordert Hashcash vom Sender der E-Mail einen Beweis dafür, dass dieser eine gewisse Arbeit vor Versenden der E-Mail erbracht hat. Sollte man nämlich nachweisen können, dass der Sender einen gewissen Teil seiner CPU-Rechenleistung vorher aufgewendet hat, um eine E-Mail zu senden, könnte man dem Geschäftsmodell von Spammern zuvorkommen. Müssten diese Spammer jedes Mal Rechenarbeit vorweisen, bevor Sie eine E-Mail senden können, würde dies das Ende ihres Geschäftsmodells bedeuten.

Ein sogenannter Stempel in der E-Mail des Empfängers kann darauf hinweisen, dass der Sender eine bestimmte Arbeit in die Erstellung des PoW beziehungsweise in die Ausführung des Hashcash-Algorithmus gesetzt hat. Nehmen wir nun an, dass der Sender den Header, also die Metadaten der Transaktion, vorbereitet und eine initiale Zufallszahl anhängt. Akzeptiert wird nur, wenn der Hash an den ersten vier Stellen nur Nullen besitzt. Wie oben bereits beim SHA-Algorithmus angeführt, können wir mit keiner Methode, außer dem Ausprobieren, herausfinden, welcher Klartext einen Hash ergibt, der unsere geforderten Kriterien erfüllt. Derselbe Klartext ergibt mit einer bestimmten Hashfunktion immer denselben Hash, doch ein Hashwert hat keine rückwärtige Beziehung zu seinem Klartext. Gehashte Werte sind somit völlig zufällig verteilt, doch finden sich nicht zwei Hashes für ein und denselben Klartext.

Aus 2^{160} möglichen Hashes gibt es 2^{140}, die dem Kriterium entsprechen. Die Wahrscheinlichkeit, zufällig einen Header mit 20 Nullen am Anfang zu bekommen, ist 1 zu 2^{20}. Im Durchschnitt sind also 2^{20} (ein wenig mehr als eine Million) Versuche nötig, um dies zu berechnen. Im Allgemeinen lässt sich daraus schlussfolgern, dass man mit einem 1-Ghz-Rechner ungefähr eine Sekunde benötigt, um einen passenden Header zu finden. Bei zehn E-Mails kommt eine geringe Wartezeit von ein bis zehn Sekunden hinzu. Nutzer, die zweckmäßig und ehrlich arbeiten, sind kaum eingeschränkt. Spammer hingegen schon, da sie für jede E-Mail jedes Mal eine weitere Sekunde Rechenzeit investieren müssen und der Aufwand proportional mit der Anzahl der E-Mails steigt.

Auf der Seite des Empfängers dauert die Verifikation des gültigen Headers nicht lange. Auf einer 1-Ghz-Maschine können wir hierbei von gerade einmal zwei Mikrosekunden ausgehen. Dabei werden mehrere Parameter überprüft, darunter: Ob der Hash schon einmal berechnet worden ist, ob das Datum stimmt und ob die E-Mail in einer gültigen Liste steht. Alle diese Schritte benötigen weniger Rechenleistung und Speicherplatz als der Inhalt der E-Mail selbst. Der Rechenaufwand steigt exponentiell mit der Anzahl der führenden Nullen.

So kann man die benötigte Rechenleistung anhand der Anzahl der führenden Nullen anpassen. Im (Bitcoin-)Mining wird dies ebenso gehandhabt. Die geforderte Anzahl an führenden Nullen wird „Target" (zu Deutsch: Ziel) genannt. Die Schwierigkeit einen Hash zu finden, der „unter" dem Target liegt, nennt sich „Difficulty" (zu Deutsch: Schwierigkeit). Das Target ist variabel und passt sich der Rechenleistung des Netzwerks an. Die Rechenleistung wird in Hashes pro Sekunde angegeben, im Bereich des Bitcoin-Netzwerks reden wir derzeit (Oktober 2016) von TH/s (sprich: Terrahashes pro Sekunde oder Billionen Hashes pro Sekunde).

Recheneinheiten wie CPUs, GPUs oder ASICs besitzen eine bestimmte Rechenleistung, die sich in eben jenen Hashes pro Sekunde angeben lässt. Dies ist die Anzahl der Hashes, die pro Sekunde ausprobiert werden. Im Grunde ist dies wie eine Lotterie, wobei derjenige, der mehr Hashes in der Sekunde ausprobieren kann, womöglich schneller den passenden Hash findet.

Um Stabilität und Latenz, sprich die Verbindungsqualität, gleichbleibend zu halten, passt sich das Target im Fall von Bitcoin so an, dass alle 10 Minuten ein Block gemined bzw. ein passender Hash gefunden wird. Dies geschieht durch Berechnungen im Code über die vorherige Blockzeit und die Änderung in der Rechenleistung des Netzwerks. Im Ethereum-Netzwerk befindet sich die „Blockzeit" zum Zeitpunkt der Erstellung des Buches bei 14 Sekunden.

DAS NETZWERK

Das Netzwerk der Blockchain ist dezentral. Dies ist, aus

der Betrachtung der Blockchain als Datenbank, eine Neuerung gegenüber den traditionellen Datenbanken. Gebräuchliche Datenbanksysteme sind zentral, das bedeutet, dass Datenbanken physisch an einem Ort gespeichert werden. Diese Daten können dann als Kopie auf anderen Servern gespiegelt werden, um eine Redundanz zu erhalten. Eine echte Dezentralität wie bei einer Blockchain ist dies aber noch nicht.

Diese Zentralität kommt mit dem Wachsen des Internets und der Digitalisierung leider an ihre Grenzen. Skalierbarkeit wird immer häufiger in diesem Zusammenhang genannt, für zentralisierte Systeme ist dies mit großem Aufwand verbunden, dezentrale Systeme wachsen dagegen mit. Offensichtlich ist nicht nur, dass Dienste nicht mehr zur Verfügung gestellt werden können. Das dezentrale Speicherprojekt „MaidSafe" erläutert in seinem Whitepaper, dass Server weltweit mit Daten von bis zu 2,4 Milliarden verbundenen Menschen arbeiten müssen. Diese Zahl soll im Jahr 2017 auf 3,6 Milliarden steigen. Was nun schnell außer Acht gelassen wird, ist, dass diese Datenzentren Energie verbrauchen. Zwischen 1,1 % und 1,5 % des globalen Stromverbrauchs soll an diese Infrastrukturen gehen. Dieser Wert steigt jährlich um weitere 60 %. Ein Grund dafür sind ebenfalls ineffektive Datenzentren.

Man kann sich vorstellen, dass es schwierig für einen Betreiber und die Teilnehmer wird, wenn ein zentraler Datenbankserver angegriffen wird. Da die Quelldatei nur an einer Stelle vorhanden ist, bietet sie einen zentralen Angriffspunkt gegenüber äußeren Aggressoren. Doch wir müssen nicht nur von Angreifern ausgehen, auch strukturelle Probleme können durch das immense Wachsen des Informationssektors entstehen. Diese strukturellen Probleme könnten unter anderem Stromausfälle,

Überlastungen, Naturkatastrophen und Ähnliches sein. Außerdem, wie bereits vorher beim Thema Vertrauen angemerkt, sind diese Daten durch ihren Ort an eine zentrale Autorität gebunden. Das bedeutet, sollte an dieser Stelle ein Dienst angeboten werden, dann müssen Nutzer der zentralen Autorität und seinem Können vollends vertrauen. Nicht einmal die Autorität muss eine betrügerische Absicht haben, selbst wenn die Sicherheitsmaßnahmen ungenügend sind, könnte ein immenser Schaden durch Diebstahl von Passwort und Identität entstehen. Wie das Online-Magazin heise berichtete, waren bereits 51 % der deutschen Unternehmen von Datendiebstahl, Sabotage oder Spionage betroffen. Dabei entstehen jährlich Schäden um 51 Milliarden Euro.

Der Speicherort der Informationen bei einer Blockchain ist in der gleichnamigen Datenstruktur Block-chain, genauer gesagt in den Blöcken. Diese Blöcke sind wie eine Kette (englisch: „chain“) aneinandergereiht. Jeder Teilnehmer im Netzwerk besitzt eine eigene Kopie der Blockchain. Über den Consensus einigt sich das gesamte Netzwerk auf eine Version der Blockchain und entscheidet autonom, welcher Block der nächste für die Chain ist.

Gegenstand der Kommunikation der Teilnehmer einer Blockchain können viele Dinge sein: Anlagen, Identitäten, Rechte und viele andere mehr. Im weiteren Verlauf des Buches wird auf diese Möglichkeiten eingegangen. Wir werden an dieser Stelle davon ausgehen, dass wir lediglich eine Übertragung eines Wertes/einer Anlage (USD, BTC oder Gold) in einer Transaktion vornehmen.

Traditionell werden bei Beispielen in der Informatik die Namen Alice und Bob genutzt. Alice möchte in unserem Beispiel Bob einen Wert schicken. Wie bereits vorher angekündigt, kann der Wert verschiedene Dinge umfassen. Alice möchte Bob nun 10 Währungseinheiten schicken.

Sie benutzt nun ihre Blockchain-Software, gibt die Adresse von Bob ein. Sie fügt einen Wert hinzu, den sie schicken möchte und klickt auf *Versenden.*

Auf der Anwendungsebene erscheint dieser Vorgang unheimlich einfach, in einer gut abstrahierten Blockchain bekommt der Anwender kaum etwas von der Komplexität des Codes mit. Doch was passiert hinter den Kulissen? Als Alice ihre Blockchain-Software geöffnet hat, wurde sie höchstwahrscheinlich nach ihrer Passphrase gefragt. Diese Passphrase schaltet einen ECC-Schlüssel (ECC = Elliptic Curve Cryptography) frei, welcher wiederum ein sogenanntes Wallet entschlüsselt. Das Wallet ist eine digitale Geldbörse. Sie ist an eine 256-bit-Adresse gebunden, die sie eindeutig im Netzwerk identifiziert. Auch Bob hat eine solche 256-bit-Adresse und somit das dazugehörige Wallet. Ein Wallet bezieht sich im Allgemeinen mehr auf die Software, die sich um den Kontostand einer Adresse kümmert. Da die Blockchain nicht zentral ist, benötigt man auch keine weitere Software, um seine Adresse aufrechtzuerhalten. Die Adresse bleibt in der Blockchain mit ihrem Kontostand bestehen und man kann erst mit ihr interagieren, wenn man den privaten Schlüssel besitzt. Da das ECC verschlüsselt ist, würde ein Hack in keiner für Menschen realistischen Zeit möglich sein. Doch zurück zum Beispiel.

Sie gibt die Anzahl der Währungseinheiten ein, die sie mit dieser Transaktion versenden möchte und versendet sie nun. Dadurch wird eine Transaktion erstellt. Da sie die alleinige Besitzerin des Schlüssels ist, ist damit die Authentizität gewährleistet. Es gibt unter anderem auch sogenannte Multi-Sig oder Multi-signature Accounts.

Diese Accounts haben mehrere Besitzer, außerdem kann bei diesen Accounts frei eingestellt werden, wie viele der Besitzer an einer Transaktion beteiligt sein müssen, damit sie gültig wird. Bis hierhin wurde noch kein Geld/Wert übertragen. Die erste Anlaufstelle, die diese Transaktion nun erreicht, sind die Nodes, oder auch Knoten. Nodes besitzen Vorgaben, nach denen sie überprüfen können, ob Transaktionen oder Blöcke gültig sind. Das bedeutet, dass sie überprüfen, ob Alice genügend Kapital aufweisen kann, um diese Transaktion durchzuführen. Der Speicherort ihres Kapitals liegt in der Blockchain, nicht bei Alice. Alice ist lediglich durch ihren Schlüssel berechtigt Transaktionen von ihrer Adresse auszuführen.

Damit Alice nun keine Mittel übertragen kann, die sie nicht besitzt, oder eine Transaktion zwei Mal ausführt, müssen wir uns mit dem sogenannten Double-Spending-Problem auseinandersetzen.

Im traditionellen Banking-Sektor verhindert eine zentrale Instanz, dass Alice Mittel ausgibt, die ihr nicht oder nicht mehr zur Verfügung stehen. Es gibt derzeit fünf verschiedene Angriffe, die sich mit dem Double-Spending-Problem befassen. Vier von diesen Angriffen sind einfach zu umgehen, indem man keine der Transaktionen als „gültig" ansieht, wenn sie weniger oder nur eine Bestätigung des Netzwerks erhalten haben. Eine Bestätigung ist jeweils ein Block, in dem die Transaktion als „gültig" angesehen wurde. Drei Bestätigungen bedeuten dann, dass die Transaktion von derzeit drei Blöcken bestätigt wurde.

Die Transaktion wird nun propagiert, das bedeutet, dass sie sich im Netzwerk verteilt und auch auf anderen Nodes sichtbar wird. Man kann sich vorstellen, dass eine Transaktion vom nächstgelegenen Node aufgenommen und danach an andere weiterverteilt wird. Um nun als gültige Transaktion in die Blockchain aufgenommen zu werden, wird die Transaktion an diejenige Instanz weitergeleitet, die sich um den Proof-of-Work kümmert. Dies sind die Miner (manchmal im Deutschen als „Schürfer" bezeichnet).

Transaktionen werden in Blöcken zusammengefasst und verarbeitet. Ist eine solche Verarbeitung erfolgreich und ist ein passender Hash mit dem erforderlichen Target gefunden, ist der Block „geschürft" worden. Gültige Transaktionen werden mit einer digitalen Signatur „signiert". Der Ausdruck des „Schürfens" geht auf die ursprüngliche Bezeichnung digitalen Gelds als „Bitgold" zurück. Wie Schürfer in einer Mine, sollten Schürfer in einem dezentralen Netzwerk stetig neue Mittel „schürfen". Sind alle Transaktionen zusammengefasst und der Block geschürft, so kann die „Suche" nach einem neuen Block losgehen. Da die Nodes dezentral sind, kann es zu gewissen Zeiten zwei Versionen einer Blockchain geben. Dies kommt durch die Propagationszeit der Blöcke zustande und dadurch, dass nicht alle Nodes direkt den gleichen Kenntnisstand über das Netzwerk haben.

Mit zunehmender Zeit bildet sich aber eine *längere* Blockchain, die immer mehr Nodes als die ehrliche und richtige Chain ansehen. Welche die ehrliche Chain ist, leitet sich aus den Consensus-Regeln der Nodes ab. Die Miner steigen währenddessen auf die längere Chain um, und unterbinden somit, dass sich korrupte Chains im Netzwerk breitmachen. Einer der oben genannten Double-Spending-Probleme betrifft die Rechenleistung des Netzwerks: die 51-%-Attacke.

Bei dieser Attacke zentralisiert ein Angreifer mehr als 51 % der Rechenleistung des gesamten Netzwerks. Er versucht damit das Netzwerk von korrupten Transaktionen zu „überzeugen“, indem er die längste Chain errechnet und diese ins Netzwerk propagiert. Ein solches Szenario ist in Public Ledgers unter einer zu großen Gefahr der Zentralisierung möglich.

Mining kommt nur in Public Blockchains, auch permissionless/unpermissioned Ledger genannt, vor. Unpermissioned bedeutet, „ohne Erlaubnis“ und bezieht sich auf den Status der Mitglieder des Netzwerks. Wie schon der Name vermuten lässt, ist eine Public Blockchain öffentlich für Teilnehmer betretbar. Sie gehört keinem und jeder Außenstehende kann seine Rechenleistung in das Netzwerk einspeisen bzw. erhält eine Kopie der gesamten Blockchain. Diese Netzwerke haben eine hohe Transparenz und sind zensurresistent.

PRIVATE BLOCKCHAIN

Die Grundlagen sind bei der Public und Private Blockchain gleich. Es geht ebenfalls um Teilnehmer, Nodes, Transaktionen, Blockchain – aber ohne Miner, ohne Proof-Of-Work und ohne Einsicht von außen.

Ein Bankenkonsortium würde andere Anforderungen an eine Blockchain stellen als Alice und Bob. Für den Zusammenschluss von Finanzinstituten würden sich die größere Einfachheit, Geschwindigkeit und Transparenz lohnen, obwohl es gleichzeitig zu einer größeren Vertraulichkeit kommen könnte, je nachdem wie man die Private Blockchain implementiert.

Eigenschaften einer Private Blockchain:

- Peer to peer: Assets sollten direkt zwischen den Teilnehmern versendet werden können, die die Assets besitzen.

- Keine Kryptowährung/kein Bitcoin: Die Netzwerke sind für bestimmte Märkte erschaffen worden und sollten jedes Asset auszahlen & überweisen.
- Kein Mining: Transaktionen werden von Trusted Parties (zu Deutsch: vertrauten Parteien/Gruppen) geordnet, welche einen Verbund formen.
- Schnelligkeit: Bestätigung in Sekunden.
- Skalierbarkeit: Tausende Transaktionen in Sekunden.

Gehen wir im neuen Beispiel von einer Gruppe Banken aus. Zunächst möchten diese nicht, dass unerlaubte Akteure das Blockchain-Netzwerk betreten können. Da alle Mitglieder des Netzwerks selbst ausgewählt worden sind, ergibt sich eine weitere Sicherheitsstufe, die aus einer vertrauten Umgebung, einem Trusted Environment/Trusted Setup entsteht. Blockchains sind anpassbar und sollten agil für die unterschiedlichsten Bereiche sein. Bei dieser Permissioned-Ledger-Variante wird die allgemeine Sicherheit des Netzwerks durch die selbst kontrollierte Umgebung erhöht.

Diese erhöhte Sicherheit geht dann besonders von den Nodes aus. Sie müssen zur Transaktionsverarbeitung und -verifizierung erhalten bleiben. Sollten hier nun korrupte Nodes existieren, fällt das bei der Signierung der Transaktionen auf. Eine Sanktion bzw. ein Ausschluss der Organisation, die den Node betreibt, bzw. des Nodes selbst, kann damit auf juristischer Ebene geführt werden.

Durch kryptographische Methoden können Details der Transaktionen außerdem verborgen werden. So müssen andere Banken nicht sehen, welche Details eine Transaktion trägt, oder andere sensible Informationen, die nicht offenbart werden müssen. Das einzig wichtige ist, dass eine Transaktion von einem Node oder einer anderen Instanz die Transaktionen bestätigt, verifiziert worden ist. Somit weiß der Rest des Netzwerks nicht zwangsläufig, was im Genauen passiert ist, aber dass die Transaktion legitim war und die Integrität des Netzwerks gewahrt wurde.

Sicher ist, dass es keine „Universalblockchain“ für jeden Lebensbereich geben wird. Je nach Zielgruppe verhalten sich die Interessen unterschiedlich. Außerdem ist die Forschung der Distributed Ledger Technology und der Blockchain keineswegs abgeschlossen. Dieser Bereich ist Gegenstand aktueller Forschungen. Gerade die Vorteile der Open Source Community zeigen, dass wichtige Denkansätze aus dieser Community kommen können und nicht erst durch R&D teuer erforscht werden müssen.

PROOF-OF-STAKE

Unter den Consensus-Mechanismen reiht sich seit seiner ersten Erwähnung im Jahr 2011 der Proof-of-Stake (PoS). Diese alternative Möglichkeit zur Wahrung des Consensus im Netzwerk wurde bei den Altcoins Peercoin, Blackcoin, NAV und ShadowCoin entweder vollständig oder in hybrider Form (im Zusammenspiel mit PoW) umgesetzt.

Wird beim Proof-of-Work durch die Hash-Rate definiert, wie hoch die Wahrscheinlichkeit ist einen Block zu finden, so ist es beim Proof-of-Stake das eigene, eingelagerte Kapital. Stake bedeutet Anteil und beim PoS bestimmt der eigene Anteil an der digitalen Währung, wie groß die Wahrscheinlichkeit ist den nächsten Block zu finden. Besitzt man beispielsweise 1 % aller Bitcoins, so erhöht sich die Chance den nächsten Bitcoin-Block zu schürfen auf 1 %.

Der Grund für die Suche nach einem anderen Consensus-Algorithmus ist, dass der PoW sehr ressourcenintensiv ist. Es wird zu viel Energie zur Sicherung des Netzwerks verwendet, die Recheneinheiten suchen den Großteil ihrer Zeit nach Hashes, die eigentliche Transaktionssicherung dagegen ist „noch" gering.

Proof-of-Stake würde kein Mining mehr erfordern, da der Währungsanteil der ausschlaggebende Faktor ist und nicht die Rechenleistung. Es muss lediglich ein Computer mit der Software eingerichtet werden. Dies ist aber im Gegensatz zum PoW ein vernachlässigbarer Stromverbrauch.

Es kommen zwei weitere Vorteile mit dem Umstieg auf Proof-of-Stake zum Tragen:

- Verringerte Transaktionsgebühren auf längere Sicht, da im Gegensatz zu PoW kaum Ressourcen aufgewendet werden müssen.
- Verringerte Wahrscheinlichkeit einer 51-%-Attacke, da ein Angreifer 51 % der Geldmenge besitzen müsste. Da er aber schon zu 51 % investiert ist, dürfte sich ein Angriff kaum lohnen, ohne sich selbst zu schaden.

Dennoch ergeben sich auch Nachteile gegenüber Proof-of-Stake. So soll es möglich sein, dass man in einem Proof-of-Stake-Netzwerk für zwei Versionen eines „Forks" stimmen kann. Steht ein Netzwerk vor einer Veränderung durch Entscheidungen der Entwickler (z. B. Implementierung neuer grundlegender Features), so können Miner in einem PoW-gestützten Blockchain-Netzwerk entscheiden, für welche Seite sie weiterhin schürfen werden.

In dem Szenario können sich Proof-of-Stake Miner theoretisch für beide Chains entscheiden. Proof-of-Work Miner hätten dieselbe Entscheidung, doch für beide Versionen der Chain zu schürfen ist sehr unrentabel.

Ein Ansatz, die Vorteile des PoS-Consensus zu nutzen, ist der hybride Ansatz mit PoW. Dadurch müsste es einem Angreifer des Netzwerks für einen erfolgreichen Angriff gelingen, zunächst 51 % aller Coins zu besitzen und 51 % der Hash-Rate des gesamten Netzwerks. Ein solcher Fall ist extrem unwahrscheinlich.

KAPITEL 4 SMART CONTRACTS

Ein elementarer Aspekt der Blockchain-Technologie ist die Dezentralität. Die Basis der Blockchain-Technologie bildet dabei die der Blockchain eigene Datenbank-Struktur, die eine dezentrale Ablage und Verwaltung von Daten ermöglicht. Die Prozessierung dieser Daten ist jedoch nur durch Lösungen möglich, die außerhalb der Blockchain liegen, was dazu führt, dass man wieder auf Mittelsmänner vertrauen muss. Gerade im Bereich der Vertragsabwicklung wäre es hilfreich, wenn man eine solche Prozessierung dezentral organisieren könnte.

Die Transaktionsverarbeitung ist eine solche – wenn auch rudimentäre – Anwendung, die über die zuvor beschriebenen, mit dem Mining zusammenhängenden Mechanismen dezentral organisiert ist. Komplexere Mechanismen, die nur unter bestimmten Bedingungen ausgeführt werden oder mehr Parteien als den Zahlungssender und den Zahlungsempfänger besitzen, sind jedoch in der klassischen Blockchain, wie sie der Bitcoin zugrundeliegt, nur schwer oder überhaupt nicht implementierbar.

Um diesen Mangel zu beheben, greift man auf ein Konzept zurück, das letztlich älter ist als die Blockchain: Smart Contracts wurden 1997 im Artikel „The idea of Smart Contracts“ von Nick Szabo vorgestellt. Generell stellt er die Idee vor, dass vertragliche Details nicht mehr von Notaren und Anwälten, sondern von Skripten verwaltet werden. In dem Artikel wird weniger das Argument der menschlichen Fehlbarkeit angeführt als das der immer immanenten Automatisierung: Automatisierte Verträge, die ein Carsharing-Auto erst nach durchgeführter Zahlung freischalten, verringern den Aufwand im Vergleich zu klassischen Mietwagen-Unternehmen.

Bis hier betrachtet haben Smart Contracts den Vorteil der Automatisierung. Sie sind jedoch Blackboxen und deshalb wenig vertrauenswürdig. Der Kerngedanke von Smart Contracts im Blockchain-Kontext ist, dass die entsprechenden Skripte für alle einsehbar auf der Blockchain liegen. Es sind also nicht nur die Daten, sondern auch der prozessierende Code, der dezentral abgelegt ist.

Hier ist zu betonen, dass die Blockchain-basierte Code-Ablage einen ganz anderen Stellenwert als die Publikmachung eines Codes auf Github oder ähnlichen Seiten für das Sharing von Programmcodes besitzt: Der Source Code auf github ist tot; er muss kompiliert (d. h. in ein lauffähiges Programm überführt) oder interpretiert werden. Nun ist es – zumindest für Laien – entsprechend nicht trivial, die Identität von offen einsehbaren Source Code und dem auf der Webseite zum Download angebotenen ausführbaren Programm zu bestätigen.

Anders im Fall der in der Blockchain abgelegten Smart Contracts: Diese sind keine Kopien des an sich ausgeführten Codes, sondern sind der ausgeführte Code selbst. Man spricht dabei von Open Execution, um damit den Unterschied zu Open Source darzustellen. Damit ist eine automatisierte Vertragsbasis geschaffen, die alle Beteiligten überprüfen können.

SCRIPT – VORLÄUFER DER SMART CONTRACTS IN BITCOIN

Das nachfolgende Kapitel enthält fachspezifische Details aus dem Bereich der Programmiersprachen. Zum vollumfänglichen Verständnis sind Grundlagenkenntnisse hilfreich.

Auch wenn Ethereum das bekannteste Beispiel einer Blockchain mit Smart Contracts ist, ist es nicht die erste oder gar einzige Adaption. Im begrenzten Maß verfügt selbst Bitcoin über eine Skriptsprache, die einfache Smart Contracts zulässt. Mithilfe dieser Skriptsprache sind Multi-Signature-Wallets oder die später besprochenen Sidechains möglich.

Die Skriptsprache von Bitcoin heißt passend Script. Sie ist recht rudimentär und erinnert an maschinennahe Sprachen. Konkret besteht ein Skript aus dem Script Public Key, der letztlich den Public Key der Zieltransaktion enthält, und einer Signatur, die beweist, dass man eine Transaktion mit den im Public Key definierten Bedingungen initiieren konnte.

Ein konkretes Beispiel wäre die reguläre Bitcoin-Transaktion:

Script Public Key:

```
OP_DUP OP_HASH160 <hash vom public
key> OP_EQUALVERIFY OP_CHECKSIG
```

Signatur:

```
<sig> <public key>
```

Skripte werden ausgeführt, indem Miner die Transaktionen, die wiederum Skripte wie das oben genannte enthalten, verarbeiten. Die Skripte sind in einer Hex-

Darstellung innerhalb der Transaktion gespeichert, sodass obiger Script Public Key in Hex-Darstellung so aussieht:

```
76 A9 1D A2 4B 10 F5 52 02 BD 8C D9 1A
04 18 7E D9 A0 A6 6D B4 2F 88 AC
```

Dabei wird die Signatur als Erstes in dem Stack gelesen. Stack ist dabei mit einem Stapel von Arbeitsblättern zu vergleichen, bei denen man immer das zuletzt abgelegte Arbeitsblatt bearbeitet.

Der Public Key wird dupliziert, sodass im Stack <sig> <public key> <public key> steht. Von dieser duplizierten Version wird der Hash mithilfe des Befehls OP_HASH160 gebildet. Der schon hinterlegte Hash wird nun in den Stack geladen, sodass dieser

<sig> <public key> <public hash> <hash vom public key> enthält. OP_EQUALVERIFY überprüft die Gleichheit der beiden Hashes. Nach der Aktion enthält der Stack, sollte die Prüfung erfolgreich verlaufen sein, d. h. im Stack sollte

<sig> <public key> <true> stehen.

Mittels OP_CHECKSIG wird nun geprüft, ob es sich um eine gültige Signatur handelt. Wenn diese Prüfung erfolgreich ist, ist der Ausgabewert *true* und die Transaktion wird weiterverarbeitet.

Dieses Beispiel wurde aus drei Gründen gewählt: Zum Ersten wird dargestellt, wie ein Teil der Transaktionsprüfung vonstattengeht.

Zum Zweiten sei auf die Rolle der Skripte bei der Transaktionsbearbeitung hingewiesen: Anders formulierte Skripte führen zu anderen Transaktionsbedingungen. So kann man beispielsweise ein Konto realisieren, das jedem zugänglich ist. Dazu lässt man den Script Public Key leer und schreibt in die Signatur `OP_TRUE` – wodurch eine solche Transaktion immer gültig bearbeitet werden würde.

Schließlich sei mit dem Beispiel dargestellt, dass es sich bei der Skriptsprache von Bitcoin wirklich um eine Low-Level-Sprache handelt. Ein Stack an Operationen wird nach dem FIFO-Prinzip (First in First out) abgearbeitet. Die Befehle erinnern an Assembler oder ähnliche für die maschinelle Verarbeitung optimierte Sprachen. Dadurch werden komplexere Bedingungen zur Transaktionsverarbeitung wie beispielsweise die Berücksichtigung unterschiedlichster Stakeholder schwierig bis unmöglich.

Für Programmierer: Script ist bewusst so ausgelegt, dass sie nicht Turing-vollständig ist – Motivation dahinter ist eine konstante Bearbeitungsdauer von Transaktionen.

Ein weiteres Problem ist, dass man in Script wertbegrenzende Bedingungen nur äußerst aufwändig implementieren kann. Das ist gerade für Verträge ein großes Problem, wenn man an eine Art automatisierten Hedge Fund denken würde, bei dem ein Vertragspartner 1000 Euro an einen Hedge Fund Manager überweist und nach 30 Tagen diese 1000 Euro an den Vertragspartner zurücküberwiesen werden (mit dem Gewinn auf Seiten des Managers): Der Smart Contract müsste eine Zahlung nicht nur splitten, sondern auch den aktuellen Umrechnungskurs zwischen BTC und EUR einlesen und verarbeiten können.

Script kennt für einzelne Bitcoins nur zwei Zustände: ausgegeben und nicht ausgegeben. Sollte man komplexere Verträge, in denen die Coins verschiedene Status besitzen können, implementieren wollen, könnte man das bestenfalls über mehrere mit Skripten verkettete Wallets erreichen, doch auch hier würde eine Begrenzung der bitcoin-internen Skriptsprache die Realisierung erschweren. Die Sprache Script kann letztlich nicht die Blockchain auslesen, sie betrachtet nur den aktuellen Ist-Zustand der Transaktion. Man kann dementsprechend kaum auf alte Transaktionen zurückgreifen und basierend auf diesen handeln.

Natürlich ist bei all diesen Begrenzungen die Intention hinter dem Script zu berücksichtigen: Bitcoin hatte und hat zum Ziel, ein digitaler Wert – eine Währung zu sein. Bitcoin ist dementsprechend ein Bezahlmechanismus – und eben keine Plattform für Verträge. Dies ist auch nicht das Ziel von Bitcoin. Sollte man jedoch komplexe Verträge mit Hilfe einer Blockchain realisieren wollen, stößt man an die Grenzen.

Diese Grenzen motivierten Vitalik Buterin 2013 zur Entwicklung von Ethereum, der ersten und wohl bekanntesten Blockchain-Lösung für Smart Contracts.

ECHTE SMART CONTRACTS IN ETHEREUM

Das nachfolgende Kapitel enthält fachspezifische Details aus dem Bereich der Programmiersprachen. Zum vollumfänglichen Verständnis sind Grundlagenkenntnisse hilfreich.

Ethereum hat von Beginn an zum Ziel gehabt, eine Plattform zu sein, auf der man komplizierte Smart Contracts und ganze dezentrale Anwendungen implementieren kann. Das sollte dadurch ermöglicht werden, dass die Skriptsprache von Ethereum Turing-vollständig ist. Turing-Vollständigkeit bedeutet dabei, dass alle Berechnungen, zu denen die zugrundeliegende Rechnerarchitektur fähig ist, in dieser Sprache programmiert werden können.

Um den Ansatz von Ethereum zu verstehen, ist es sinnvoll, die Architektur dahinter zu betrachten.

Basis von Ethereum sind sogenannte Accounts. Diese sind nicht mit Wallets zu verwechseln. Man kann Accounts zwar als minimalistische Wallets betrachten, wirkliche Ethereum-Wallets sind aber schon deutlich komplexere Gebilde und damit letztlich eine Unterart von Accounts.

Ein Account wird durch vier Daten beschrieben:

- Einer Zählvariable, die garantiert, dass jede Transaktion exakt einmal durchgeführt werden kann, sodass Double Spending verhindert werden kann
- Dem aktuellen Betrag an Ether innerhalb dieses Accounts
- Optional einem mit dem Account assoziierten Smart Contract
- Einem zu Beginn leeren Speicher

Ether ist auf den ersten Blick die Ethereum-interne Währung, wobei dies nur ein Anwendungsfall von Ether ist; dessen Rolle ist viel allgemeinerer Natur. Ether ist letztlich eine Messgröße, mit der man Gebühren für Smart Contracts festlegt. Aus diesem Grund wird Ether oft als Treibstoff der Smart Contracts auf der Ethereum-Blockchain bezeichnet. Letztlich wird ein komplexerer Smart Contract mehr Treibstoff benötigen als ein einfacher – was auch der Grund ist, warum man Ether im Kontext dieser Smart-Contract-eigenen Gebühren als *Gas* bezeichnet.

Smart Contracts werden innerhalb einer Ethereum Virtual Machine (EVM) ausgeführt. Diese lässt sich als großer dezentraler Computer vorstellen, die Runtime Engine der Ethereum-Blockchain. Diese kann Smart Contracts, die ähnlich zu Script im Fall Bitcoin in einer Low-Level-Programmiersprache vorliegen, ausführen. Zur besseren Les- und Programmierbarkeit wurden verschiedene High-Level-Programmiersprachen entwickelt, deren Code dann in das von der EVM lesbare Bytecode-Format kompiliert werden. Die älteste dieser Sprachen ist *Serpent*, die auch einige Zeit der Standard war. Serpent ähnelt von der Struktur her Python. Neben Serpent existierte schon früh LLL, eine sehr bytecode-nahe, Lisp-ähnliche Sprache. Auch wenn es weiterhin möglich ist, in den genannten Sprachen Smart Contracts zu verfassen, ist das aktuelle Flaggschiff der Sprachen zum Schreiben Smart Contracts Solidity, eine von der Struktur her an Java erinnernde Programmiersprache.

Ethereum hat hinsichtlich der Möglichkeiten von Smart Contracts im Rahmen des Blockchain-Kontextes eine Pionierrolle, ist aber nicht die einzige Blockchain, die die Nutzung von Smart Contracts ermöglicht. Eine gerade in jüngster Zeit bekannt gewordene Kryptowährung in diesem Kontext ist Lisk.

Lisk möchte eine Smart-Contract-/Dapp-Plattform für Java Script Developer sein. Dazu wurde Lisk in node.js implementiert und nutzt SQLlite als Datenbanklösung für den Zugriff auf die Blockchain. Letzteres soll komplexe Suchanfragen ermöglichen. Lisk ist noch sehr jung, sodass Ethereum weiterhin der Platzhirsch auf diesem Gebiet ist. Man wird beobachten müssen, wie sich die Nutzung von Javascript und SQLlite auszahlen wird.

Die Anwendungsmöglichkeiten sind mannigfaltig und werden in den Kapiteln über Dapps (Decentral Applications) und DAO (Decentral Autonomous Organizations) besprochen.

KAPITEL 5 SIDECHAINS

Das nachfolgende Kapitel enthält fachspezifische Details aus dem Bereich der Programmiersprachen. Zum vollumfänglichen Verständnis sind Grundlagenkenntnisse hilfreich.

Die Blockchain ist, wie der Name suggeriert, eine eindimensionale Kette von Blöcken. Zwar sind innerhalb dieser Blöcke „n" zu „m" Transaktionen (d. h. Transaktionen mit mehreren Sendern und/oder mehreren Empfängern) möglich, jedoch mag es sein, dass diese Einteilung für bestimmte Anwendungen nicht ausreicht. Klassischer Use Case sind dabei Applikationen, die auf der ursprünglichen Blockchain nicht möglich sind -- oder man die eigentliche Blockchain nicht mit Transaktionen überlagern möchte. Oft sind mit dieser Motivation andere digitale Währungen entstanden, sodass es inzwischen über siebenhundert (Stand Oktober 2016) Blockchain-basierte Digitalwährungen gibt.

Dieser Ansatz birgt in sich verschiedene Probleme. Zum einen werden so Probleme mehrfach gelöst – für jede Digitalwährung müsste man Dinge wie Transaktionsbestätigung, Wallets etc. klären. Zum anderen wären die Anwendungen voneinander losgelöst. Sicherlich existieren inzwischen Multi-Currency Wallets, aber technisch gesehen sind die Blockchains voneinander getrennt und nur durch eine externe, optionale Software miteinander verbunden. Schließlich gibt es damit ein Problem, dass die Währungen voneinander mehr oder weniger entkoppelt sind – und damit unterschiedliche Volatilitäten aufweisen können.

Um diesen Problemen zu begegnen, wurde vorgeschlagen, neben einer eigentlichen Blockchain – beispielsweise der Bitcoin-Blockchain – andere zu implementieren und diese auf die oben beschriebene Weise mit der Ursprungs-Blockchain zu verbinden. Mittels einer Transaktion kann man Coins auf der Blockchain sperren und Coins bzw. Tokens auf der Sidechain erzeugen.

Um die Technik zu verstehen, sei eine Bitcoin-Transaktion in folgender Aussage zusammengefasst: „Ich möchte diese Bitcoins an diese Adresse überweisen. Hier ist mein Beweis, dass ich das kann, und hier der Beweis, den ich (als Teil des Netzwerks) vom Empfänger einfordere.“ Diese Aussage ist bewusst generisch gewählt, jedoch lassen sich die für eine Transaktion notwendigen Schritte in diesen Worten finden: Der Sender gibt üblicherweise einen Betrag an, den er versenden will, er beweist, dass er dies darf durch Kenntnis seines Private Keys (was oft als SPV für Simple Payment Verification bezeichnet wird) und fordert eben die entsprechende Kenntnis auch vom Empfänger.

Die Formulierung „diese Bitcoins“ wurde der Formulierung „diesen Betrag in Bitcoin“ bewusst vorgezogen. Anders als bei der digitalen Währung Monero sind einzelne Bitcoins nicht beliebig austauschbar. Für die Implementierung von Sidechains ist es jedoch notwendig, dass die Coins nicht austauschbar sind. Nur dadurch ist es möglich, sie nach einer Transaktion dem ursprünglichen Sender zuzuordnen.

Man kann Adressen anlegen, die nicht der Kontrolle einzelner Individuen, sondern der von Skripten unterliegen. Bitcoin verfügt, wie im Kapitel über Smart Contracts dargestellt, über eine Skriptsprache, die sich zwar im Funktionsumfang absolut nicht mit der von Ethereum messen lässt, aber für den betrachteten Fall ausreicht: Mit Hilfe dieser Sprache ist es möglich, einzelne Bitcoins in dieser von einem Skript kontrollierten Adresse zu sperren. Innerhalb des Skripts kann man schließlich festlegen, dass für den Transfer einer bestimmten Anzahl von Bitcoins an diese Adresse dem Sender eine bestimmte Anzahl von Tokens auf einer anderen Blockchain zur Verfügung stehen müssen. Letztere Blockchain nennt man in dem Fall die Sidechain, erstere die Mainchain.

Das Konzept wurde 2014 von Blockstream entwickelt und in einem White Paper genauer beschrieben. Dabei wird die oben beschriebene Idee wie folgt konkretisiert:

- Nach Senden einiger Bitcoins an die mit der Sidechain verbundenen Adresse wird eine sogenannte Bestätigungsperiode (Confirmation Period) abgewartet, um zu garantieren, dass nicht im Rahmen von DoS-Attacken oder Ähnlichem die Transaktion ungeschehen gemacht werden kann (siehe Kapitel „Proof-of-Work"). Letztlich wird in dieser Zeit gewartet, bis die Transaktion an die Sidechain-Adresse mehrere Male bestätigt wurde.

- Nach dieser Bestätigungs-Periode werden dem Sender der Bitcoins die Tokens der Sidechain übertragen. Er muss jedoch, bevor er diese ausgeben kann, eine weitere Periode (Wettbewerbsperiode oder Contest Period genannt) warten – in dieser Zeit sollten wieder einige Bestätigungen erfolgen, um so Double-Spending-Attacken vorzubeugen.

Natürlich haben derartige Ansätze auch Nachteile:

Die Komplexität des Netzwerks erhöht sich. Statt einer müssen nun zwei Blockchains verwaltet werden, die zwar über bestimmte Transaktionen miteinander verbunden, aber ansonsten unabhängig voneinander sind. Doch auch die Beziehung zwischen Wert und Blockchain wird komplexer: Gilt in klassischen Blockchain-Applikationen „One Asset – One Blockchain“ ist im Fall von Sidechains diese eineindeutige Beziehung nicht mehr gültig, letztlich kann ein Wert mit mehreren Blockchains assoziiert werden. Damit stellt man hohe Anforderungen an Entwickler von Wallets und anderer Software.

Diese erhöhte Komplexität birgt auch die Gefahr in sich, dass Angreifer Lücken in den oben erwähnten Beweis-Prozessen, d. h. der Bestätigungs- und der Wettbewerbszeit, finden, die ihnen beispielsweise Double Spending ermöglichen. Letztlich erinnert das Problem an die im vorherigen Kapitel angesprochenen Probleme der Smart Contracts, in denen die Turing-Vollständigkeit sowohl ein Vorteil als auch ein Risiko ist: Wenn man alles implementieren kann, kann man gegebenenfalls auch alles hacken.

Letztlich existiert ein Risiko, dass bestimmte Sidechains mit eigenen Mining-Fees den Minern zu viel Verantwortung geben und viel mehr Ressourcen benötigen, sodass eine neue Art von Zentralisierung stattfinden könnte. Kleine Miner könnten keine Ressourcen für die Sidechains zur Verfügung stellen, sodass die Kontrolle derselben in den Händen weniger großer Miner liegt.

Schließlich geht mit der genannten Gefahr der Zentralisierung eine Gefahr eines Miner-gesteuerten Soft Fork einher.

Ein Anwendungsfall wären Interfaces zwischen verschiedenen Blockchains. Gerade im Fall von Tauschbörsen, auf denen man von einer Kryptowährung in eine andere tauschen kann, wird ein solcher Ansatz diskutiert. Dieser Anwendungsfall illustriert auch die Motivation hinter Sidechains: Sicherlich kann man den Exchange mittels eines externen Programms lösen – was jedoch (mit wenigen Ausnahmen wie Bitsquare) zu einem zentralisierten System führt. Die großen Skandale um namhafte Börsen wie Bitfinex, Cryptsy und Mt. Gox zeigen einen großen Handlungsbedarf auf.

Ein weiterer Anwendungsfall sind Erweiterungen des Protokolls einer bestimmten Blockchain. Aktuell kann man bei Bitcoin verfolgen, dass das Erreichen eines Konsens bezüglich Erweiterungsvorschlägen schwierig ist. In dem Kontext würden Sidechains die Möglichkeit eröffnen, Erweiterungen zu testen und optional den Nutzern anzubieten.

Schließlich sei als sehr prominentes Anwendungsbeispiel Rootstock erwähnt. Rootstock, oder kurz RSK, ist eine Sidechain für Bitcoin, die Smart Contracts erlaubt. Außerdem ermöglicht Rootstock deutlich schnellere Transaktionen, als sie aktuell mit Bitcoin möglich sind: Während es bei Bitcoin ungefähr zehn Minuten dauert, bis eine Transaktion bestätigt und damit Teil der Blockchain ist, dauert es dank Rootstock ungefähr zehn Sekunden.

KAPITEL 6 BLOCKCHAIN IN DER PRAXIS

INTERNET OF THINGS

Das Internet of Things ist einer der großen Technologietrends unserer Zeit, sodass es wenig überraschend ist, dass eine andere moderne Technologie wie die Blockchain sich ebenfalls diesem Internet of Things oder kurz IOT widmet.

Blockchain-Entwickler haben erkannt, dass die Blockchain eine wichtige Schlüsseltechnologie darstellen kann, wenn man das Internet der Dinge implementieren will.

Um das Internet of Things zu verstehen, kann man sich kurz in Erinnerung rufen, was das Internet ist. Das Internet ist ein dezentrales Netzwerk. Auch wenn es große Server gibt, ist das Internet dezentral ausgelegt, an sich kann jeder seinen eigenen Server aufsetzen. Es existiert also kein zentraler Server, der alle Informationen zusammenführt und verteilt.

Diesen Kerngedanken des Internets kann man auf das Internet of Things übertragen. Sensoren und Aktoren (d. h. automatisch agierende Objekte wie Roboterarme oder Schrittmotoren), die mit Computern verschaltet sind, gibt es schon seit einiger Zeit. Hier agieren die Computer jedoch als zentrale Instanzen, die auf die Daten von Einzelsystemen zurückgreifen. So wird in automatisierten Fertigungsprozessen der aktuelle Zustand des Halbmaterials oder Rohstoffes mit ausgewählter Sensorik erkannt. In einem weiteren automatisierten Fertigungsschritt können diese Materialien mit spezialisierten Aktoren bearbeitet werden.

Kern dieser automatisierten Fertigungsprozesse ist ein Computer. Sollte dieser ausfallen oder jemand die Kommunikationsschnittstellen verändern, würde diese Veränderung das Aus für die automatisierten Prozesse bedeuten.

Im Kontrast dazu ist das Internet of Things dezentral aufgebaut: Sensoren und Aktoren wie im obigen Beispiel wären nicht nur die Augen und Hände eines zentralen Computers, sondern eigenständige Entitäten, die selbständig miteinander kommunizieren. Ein solches Konzept verspricht ein hohes Maß an Modularität, Sicherheit und Skalierbarkeit.

Verschiedene Use Cases für das Internet of Things sind vorstellbar:

In Zeiten der Smart Phones und Wearables (d. h. intelligente Devices, die man am Körper tragen kann) (d. h. intelligente Devices, die man am Körper tragen kann) können derartig aufgenommene Daten über die Cloud verarbeitet werden. Dies ist nicht nur für die Datensammlung relevant, sondern kann im Rahmen von Augmented Reality neue Entwicklungen, insbesondere in der Unterhaltungselektronik, vorantreiben.

Im Rahmen der Mensch-Technik-Interaktion (MTI), einer Schlüsseltechnologie, die gerade in Zeiten des demographischen Wandels an Bedeutung gewinnt, kann ein autonomes, dezentrales Netzwerk aus Sensoren und Aktoren Zielstellungen hinsichtlich des Assisted Ambient Living voranbringen: Netzwerke aus Sensoren könnten Senioren in der Wohnung im Auge behalten und bei Notfällen direkt Ärzte und Anverwandte informieren.

Dieser Punkt lässt sich verallgemeinern: Ein großer Trend im Bereich Consumer Electronics ist das Smart

Home: Mit dem Handy lässt sich das gesamte Haus steuern und überwachen.

Die Industrie 4.0 ist zwar ein deutlich größeres Gebiet als die Anwendung von „Internet of Things"-Ansätzen im industriellen Sektor – das später noch diskutierte Supply Chain Management spielt in dem Zusammenhang auch eine nicht zu unterschätzende Rolle –, aber dennoch ist der Begriff Internet of Things stark mit der Industrie 4.0 assoziiert und ein wichtiger Aspekt von letzterem. Man kann sich in dem Zusammenhang automatisch agierende Wertschöpfungsketten vorstellen; Sensoren, die im Rahmen einer 100-%-Kontrolle die gefertigte Ware überprüfen und den Fertigungsrobotern optimierte Fertigungsparameter senden.

In all den oben genannten Beispielen interagieren die im Internet of Things verbundenen Devices autonom. Deshalb ist ein wichtiges Stichwort in diesem Kontext die intermaschinelle Kommunikation (oder auch Machine to Machine Communication): Maschinen tauschen miteinander selbständig Daten aus, ohne dass es den Menschen als Mittelsmann braucht. Man kann sich beispielsweise Kühlschränke vorstellen, die bei ebenfalls automatisierten Geschäften Milch nachbestellen, die dann mittels Drohnen geliefert wird. Ein anderes Beispiel ist hinsichtlich Automobilen zu sagen: Sowohl im Zusammenhang mit selbst fahrenden Autos als auch hinsichtlich der Optimierung von Fahrassistenzsystemen wird häufig darüber nachgedacht, die Fahrzeuge miteinander über ein Netzwerk interagieren zu lassen, um so beispielsweise Staumeldungen zu perfektionieren.

Im Zuge der Energiewende ist ein großes Thema die Vernetzung von Stromerzeugern, Speichern und Verbrauchern. Ein oft angebrachter Kritikpunkt an regenerativen Energien ist, dass diese saisonal Strom produzieren: Photovoltaik hat tagsüber bei gutem Wetter einen größeren Wirkungsquerschnitt als nachts bzw. bei schlechtem Wetter. Das bedeutet, dass zu bestimmten Zeiten gegebenenfalls zu viel, zu anderen zu wenig Strom generiert wird. Das Stromnetz muss darauf ausgelegt werden, dass ein Überschuss für schlechtere Zeiten gespeichert werden kann und dass dieser Überschuss auch nicht das Netz überlastet. Das Internet of Things, bzw. in diesem Kontext das Smart Grid, verfolgt dabei die Vision, dass die einzelnen Stakeholder dieses Netzes miteinander interagieren, sodass Verbraucher sich letztlich selbst mit Strom versorgen und auf die aktuell optimalen Stromanbieter zugreifen. Ein anderer Use Case wären elektrische Autos, die an bestimmten Orten via Induktion sich selbständig aufladen.

Insgesamt kann als Verbindung zum Thema Blockchain sowohl im Internet als auch im Internet of Things die Dezentralität ausgemacht werden. Hier setzt auch das Interesse an der Blockchain-Technologie an: Die Blockchain ist eine dezentrale Datenablage- und mit Smart Contracts eine Datenverarbeitungslösung. Damit ist die Blockchain letztlich das optimale Datenformat für das Internet of Things.

21 BITCOIN - DATEN AUS DER CLOUD

Eine elementare Motivation für die Nutzung der Blockchain ist, dass die einzelnen im Internet of Things verbundenen Geräte für ihre Aufgaben Energie benötigen. Diese Energie ist nicht kostenlos und muss deshalb kompensiert werden – beispielsweise durch Bitcoin.

Mit dem 21-Bitcoin-Computer bzw. dem Programm 21 wird ermöglicht, verschiedene automatisierte Services dem Internet für eine Zahlung in Bitcoin anzubieten. Auf der Webseite kann man sich einen Überblick verschaffen, welche Arten von HTTP-Requests über eine API gegen einen ausgewiesenen Betrag an Bitcoin erfragt werden können. Viele Anwendungsbeispiele haben nicht direkt etwas mit dem Internet of Things zu tun, doch zwei Anwendungsbeispiele seien in diesem Zusammenhang genannt:

Im Projekt Sensor21 werden Daten, die über Sensoren eingelesen werden, gegen eine Bitcoin- Mikrotransaktion an interessierte Stellen weitergegeben. Eine Anleitung hierfür ist auf der Webseite von 21.co zu finden. Letztlich wird der Sensor an den 21-Bitcoin-Computer (oder, falls letzterer selbst gebaut ist, an den Raspberry Pi) angeschlossen. Nachdem dieser Sensor korrekt angeschlossen und ansprechbar ist, kann man ihn in eine API einbinden, die bei Bezahlung die am Sensor ausgelesenen Daten auf Anfrage zur Verfügung stellt.

Natürlich ist das externe Ansprechen eines Sensors noch kein Internet of Things, jedoch kann man zum einen mehrere Sensoren und Aktoren an den 21-Bitcoin-Computer anschließen. Vor allem jedoch sind die Werte über eine API abrufbar, man kann also Systeme implementieren, in denen verschiedene automatisierte Systeme Sensordaten bzw. Aktorenmanipulationen für Bitcoin verkaufen und so interagieren – ohne einen zentralen Server.

Ein zweiter im Zusammenhang mit dem Internet of Things interessanter Anwendungsfall ist der Handel mit Rechenleistung. Das Internet of Things ist nicht nur ein Netzwerk aus Sensoren und Aktoren, sondern es sind auch Computer mit einer hohen Rechenleistung, die auf Basis der Sensorik Analysen durchführen, gehören ebenso zu diesem Internet der Dinge. Mit 21.co ist es möglich, einen Server aufzusetzen, der über eine API ansprechbar ist und dessen Rechenleistung man mit Bitcoin kaufen kann. Weitere Informationen finden sich wieder auf der Webseite von 21.co .

SLOCK.IT – INTELLIGENTE SCHLÖSSER UND MEHR

Ein äußerst bekanntes Beispiel für das Internet of Things ist das noch im Alpha-Status befindliche Projekt Slock.it. Es ist in seiner ersten Iteration ein intelligentes Schloss – deshalb der Name, wobei Slock für Smart Lock steht. Dieses Schloss ist mit der Ethereum-Blockchain verbunden, sodass es über Transaktionen auf dieser gesteuert werden kann.

Das Interessante ist, dass die Bedingungen, wie dieses Schloss zu öffnen ist, innerhalb eines Smart Contract beliebig spezifiziert werden können. Ob jemand nach einer Zahlung pauschal für eine Nacht, ein Wochenende oder fünf Minuten dieses Schloss öffnen und schließen kann, ob es ein einzelner Öffnungs- und Schließzyklus ist – all das kann im Rahmen eines Smart Contracts geregelt werden. Schon diese Aussichten alleine bieten, auf ein Schloss übertragen, Raum für viele Use Cases: Man kann sich eine Art dezentrales Airbnb vorstellen, in dem ein Slock die Tür zu einem Appartement verschließt. Ähnliches lässt sich über ein Auto sagen, sodass ein dezentrales Carsharing geschaffen worden wäre. Mit einem Schloss könnte auch Equipment anderen zur Verfügung gestellt werden – Rasenmäher oder sonstige Geräte könnten vermietet werden. All das nicht nur ohne eine Firma als Mittelsmann – selbst der Anbieter der Wohnung, des Autos oder des Rasenmähers muss am eigentlichen Vertragsabschluss nicht teilnehmen – ein Smart Contract erledigt das für ihn.

Insgesamt kann man bei slock.it eine wichtige soziale Dimension des Internet of Things und der Blockchain sehen: Durch die nicht mehr vorhandene Notwendigkeit eines Mittelsmannes ist eine wahre Sharing Economy, ohne einen verwaltenden Staat oder ein konkurrenzvernichtendes Firmenmonopol, möglich. Die Blockchain gehört allen und niemandem, jeder kann sie nutzen und Verträge in Form von Smart Contracts verfassen, die das Öffnen und Schließen eines Schlosses regeln. Jeder Interessierte kann, ohne mit einer dritten, regulierenden Entität reden zu müssen, die Erfordernisse des Smart Contracts erfüllen und so das Schloss öffnen. Diese Vision von Slock.it wird als das Universal Sharing Network bezeichnet – ein Netzwerk, in dem jeder sein Eigentum, zu seinen eigenen Bedingungen, zur Verfügung stellen kann.

Letztlich geht die Vision von Slock.it deutlich weiter als nur bis zur Einbindung von Schlössern in die Ethereum-Blockchain. Das Schloss ist ein Prototyp für ein Gerät in der realen Welt, das auf Smart Contracts in der Ethereum-Blockchain reagiert. Man kann durchaus an andere Geräte denken. Aus diesem Grund ist auch das RWE Innovation Hub an Slock.it interessiert und hat gemeinsam mit diesem Startup ein Konzept zum Aufladen von Elektroautos an Ampeln entwickelt: Um die kurze Wartezeit zugunsten einer höheren Reichweite der Elektroautos zu nutzen, ist der Gedanke aufgekommen, dass die rote Ampelphase zum Aufladen der Elektroautos genutzt werden kann. Diese Aufladung würde über Induktion funktionieren. Dieses Aufladen würde, so das grobe Konzept, ähnlich wie bei dem von slock.it realisiert werden: Über einen Smart Contract würde der Aufladungsprozess sowie der Bezahlungsprozess geregelt sein.

Da Smart Contracts automatisiert handeln können, ist die endgültige Vision von Slock.it das Internet of Things in Vollendung: Man kann sich verschiedene, miteinander agierende Systeme vorstellen, die allesamt auf der

Ethereum-Blockchain interagieren und auf Basis von Ether-Transaktionen automatisiert Dienstleistungen durchführen. Die Möglichkeiten, die durch diesen Ansatz geschaffen werden, sind endlos: Man kann an Drohnen denken, die über das Slock bestimmte Postfächer öffnen können, um dort Lieferungen zu hinterlegen. Kühlschränke können selbständig Zutaten, die aufgebraucht wurden oder deren Haltbarkeitsdatum abgelaufen ist, auffüllen. An vollständig autonome Lebensmittelläden, die bestimmte Bereiche einem Einkäufer erst nach einer Ether-Transaktion zugänglich machen.

Insgesamt ist das Konzept von Slock.it interessant genug, dass das erst 2015 gegründete Startup mit dem RWE Innovation Hub, also mit einem Partner, der ein großer Stromanbieter ist, kooperieren konnte. Aktuell ist es um das Startup, das auch einer der Initiatoren der DAO war und das erste große Proposal schrieb, aus dem im Kapitel über die DAO genannten Gründen ruhiger geworden. Es wird jedoch weitergearbeitet, sodass man davon ausgehen kann, dass es irgendwann einen für die Öffentlichkeit nutzbaren Prototypen geben wird. Erst am 21. September 2016 ist Share&Charge ein Jointventure-Projekt von slock.it und des innogy Innovation Hubs in die Beta-Version überführt worden. Mit diesem Projekt möchte man es Besitzern von Ladestationen, wie sie für elektrische Autos genutzt werden, ermöglichen, ihren Strom an andere verkaufen zu können.

IOTA – EINE NEUE ART BLOCKCHAIN FÜR DAS INTERNET OF THINGS

Wenn man an das Internet of Things denkt und sich eine Welt ausmalt, in der tausende von Sensoren, Aktoren und Computern miteinander kommunizieren, merkt man schnell, dass man es mit einem System zu tun hat, das starke Anforderungen an die Datenverarbeitung stellt:

- Der Grad der Dezentralisierung muss ausgesprochen hoch sein
- Ein System sollte, auch wenn es vom Internet temporär getrennt ist, funktionieren
- Das Netzwerk hinter dem Internet of Things muss Tausende von Transaktionen verwalten können
- Diese Transaktionen sollten möglichst geringe und möglichst konstante Zusatzkosten benötigen

Wie im Kapitel über Mikrotransaktionen dargestellt, existieren Ansätze, um Kleinsttransaktionen trotz der Mining-Gebühren auf der Bitcoin-Blockchain zu realisieren. Analoge Konzepte existieren bei Ethereum und anderen Kryptowährungen. Dennoch kann in verschiedenen Anwendungen ein Problem sein, dass die Gebühr zwar insgesamt klein ist, jedoch durch die Preisschwankungen der zugrundeliegenden Währung eine nicht akzeptable Unsicherheit entsteht. Ein weiteres Problem der „Internet of Things"-Lösungen auf der Bitcoin-Blockchain ist, dass die IoT-Devices immer mit der Blockchain verbunden sind. Das mag in bestimmten Anwendungsszenarien nicht immer gewährleistet sein.

Das Startup IOTA möchte sich dieser Probleme annehmen und hat deshalb die Blockchain überdacht. Dabei hat es das Konzept des Tangle entwickelt: Statt einer linearen Kette von Transaktionen ist das Tangle ein Knäuel, ein Netzwerk von ineinandergreifenden Transaktionen.

Technisch gesprochen handelt es sich bei dem Tangle um einen direktionalen azyklischen Graphen, d. h. um ein Netzwerk, bei dem die Knoten durch direktionale Pfeile miteinander verbunden sind und dadurch kein Zyklus entsteht.

Dieses Netzwerk entsteht, indem Transaktionen von IOTA-Token zwischen verschiedenen Nodes validiert werden: Wenn eine Node IOTA-Tokens verschicken will, muss es zuvor zwei Transaktionen validieren. Die Validierung besteht dabei aus einer Überprüfung, dass es sich dabei nicht um einen Double-Spending-Versuch handelt, sondern um einem Proof of Work.

In IOTA sind alle verfügbaren Tokens gleich zu Beginn geschaffen worden. Es gibt dementsprechend keinen Mining-Reward. Hintergrund ist, dass IOTA als ein Blockchain-System konzipiert ist, das nur aus IOT Devices bestehen sollte.

Was weiterhin auffällt, ist, dass in diesem System längst nicht auf jeder Node die gesamte Blockchain gespeichert wird. Stattdessen werden Transaktionen direkt, wie oben beschrieben, validiert – was eine indirekte Validierung der zuvor stattgefundenen Transaktionen mit sich bringt. In der Hinsicht kann anhand der Validierung der Weg durch das Tangle bis zur Genesis Node zurückverfolgt werden.

Ein Vorteil des Tangles ist, dass Off-Branching ohne Probleme möglich ist: Sollte ein Teil des Netzwerkes vom Haupt-Tangle getrennt werden, wird es dennoch funktionieren. Die einzelnen Transaktionen können von den anderen Devices validiert werden, womit auch weiterhin eine indirekte Verbindung zur Genesis Node besteht. Sollte besagter Teil des Netzwerkes wieder mit dem Haupt-Tangle vereint werden, müssen lediglich die Transaktionen beider Zweige bestätigt werden.

Insgesamt stellt IOTA einen exotischen und interessanten Ansatz zur Nutzung von blockchain-ähnlichen Technologien im Bereich Internet of Things dar und zeigt, dass man ein IoT-Netzwerk vollkommen dezentral aufbauen kann. Weitere Informationen zu IOTA lassen sich auf der Webseite finden (iota.readme.io).

MUSIK, KUNST, KULTUR: KREATIVITÄT IN DER BLOCKCHAIN

Wenn es um die Verwaltung von künstlerischen Werken geht, zeichnet sich die Lizensierung meist durch eine zentrale Partei aus. Sie übernimmt die Verantwortung über den Vertrieb und sichert meist gleichzeitig die Rechte.

Ganz anders als bei Blockchain-Technologien, deren Vorteile meist gerade in ihrer Dezentralität bestehen. So scheinen Lizenzierungen und die Verwaltung von Kunstwerken zunächst nicht mit der Blockchain vereinbar, weil sie auf einem gänzlich anderen Prinzip basieren.

Jedoch ist das Modell der Lizenzierung nicht generell auf zentrale Parteien beschränkt, bei Kunstwerken ebenso wenig wie bei Software. In der Tat ist es also möglich, Kunstwerke über eine Blockchain zu verfolgen und damit die Echtheit bestimmter Werke sicherzustellen.

WIE WERDEN KUNSTWERKE IN DER BLOCKCHAIN ERFASST?

Bestimmte Kunstwerke zeichnen sich dadurch aus, dass sie einmalig sind und nur in einem Exemplar existieren – Unikate. Für diese Form der Kunst ist es möglich, jedes Werk einzeln zu erfassen. So wäre praktisch eine 1:1-Zuordnung zum Besitzer möglich, da das Kunstwerk nur einmal existieren kann. Der eigentliche Zweck besteht aber nicht immer darin, den Inhaber eines Werkes in der Blockchain zu erfassen, sondern Nutzungsberechtigungen zu erteilen und die Echtheit zu garantieren.

Letzteres kann vor allem durch Hashing ermöglicht werden. Jedes Kunstwerk wird damit kodifiziert.

WIE LIZENZIERUNGEN HEUTZUTAGE FUNKTIONIEREN

Lizenzierungen basieren heutzutage meist auf einem physischen Schutz. Dadurch, dass man ein künstlerisches Werk nicht immer im digitalen Sinne „kopieren“ kann, müsste ein Angreifer die Kunstwerke fälschen und neue Werke anfertigen. Werke befinden sich an einem bestimmten Ort und sind dadurch in ihrer Nutzung beschränkt.

Anders sieht es bei digitalen Inhalten aus. Da auch diese Lizenzierungsgeschäfte längst praktiziert werden, beschäftigen sich heute bereits einige Unternehmen mit der digitalen Rechteverwaltung von Kunst. Es läuft meist wie folgt ab: Der Kunde zahlt für ein Musikstück und darf es anschließend herunterladen. Was anschließend mit diesem Dokument passiert und inwiefern es außerhalb des Musikanbieters vervielfältigt wird, kann nur begrenzt kontrolliert werden.

Selbiges gilt für Streamingdienste: Eine zentrale Partei erhebt den monatlichen Nutzungsbeitrag und stellt dafür eine Plattform bereit, auf der man aus einer riesigen Auswahl an Musikstücken seine Lieblingssongs abspielen kann.

WIE ZAHLEN NUTZER FÜR KUNSTWERKE UND MUSIKSTÜCKE?

Diese Frage lässt sich nicht beantworten, ohne auch auf das Lizenzmanagement des Künstlers einzugehen.

Eine der möglichen Anwendungen ist PeerTracks. Das Prinzip basiert darauf, dass jeder Song automatisch an einen Smart Contract gebunden wird. Dieser Smart Contract stellt dem Kunden eine Art Kaufprozess zur Verfügung. Hat er für ein Musikstück bezahlt, wird ein Token generiert, also eine Art „Verifizierungscode", der sich aus vielen Informationen zusammensetzt und ähnlich wie eine Bitcoin-Adresse meist sehr kryptisch aussieht.

Der Künstler bestimmt, wie die Tokens erzeugt werden und in welcher Menge sie verfügbar sind. Das bedeutet auch: Wenn die Kapazität von bestimmten Tokens ausgeschöpft ist, kann das Produkt mathematisch geregelt nicht mehr erworben werden. So ließen sich also bspw. Limited Editions bestimmter Werke noch „sicherer" als über den herkömmlichen CD-Vertrieb organisieren, weil durch die Tokens sichergestellt ist, dass wirklich nur die genau einmal festgelegte Anzahl an Kunden Zugriff auf den Inhalt hat.

Wie viel Anteile anderen Parteien am Umsatz oder Gewinn zustehen, kann der Künstler ebenfalls von Beginn an über den Smart Contract regeln. Er gibt an, welchen Personen welche Beträge beim Verkauf zu zahlen sind.

Es ist nicht unvorstellbar, dass ein solches Prinzip auch ohne die Blockchain funktioniert. Schließlich geht es hierbei eher um die Vertragsgestaltung zwischen den verschiedenen Parteien. Was die Blockchain aber vom normalen Vertriebsweg unterscheidet, ist die Verwaltung des Cashflows. Es gibt keinen Verkäufer, der die Umsätze einnimmt und sie abzüglich seiner Provisionen weiterleitet. Das Geld gelangt somit ohne das Zutun Dritter direkt beim Künstler an. Der Smart Contract selbst verwaltet den Prozess und verteilt die Einnahmen automatisch an alle Empfänger. Das wirkt sich nicht nur auf die

Dauer der Auszahlungen aus, sondern auch auf das gegenseitige Vertrauen, das man nun in die Blockchain legt.

WIE KANN ICH SELBST KUNSTWERKE MIT BITCOINS UND DIGITALEN WÄHRUNGEN KAUFEN?

Kunstwerke und Musik scheinen auf den ersten Blick keine Innovationen der ersten Stunde zu sein, wenn man an die Blockchain denkt. Tatsächlich gibt es aber bereits erste Ansätze und Anbieter, die es ermöglichen, Kunstwerke mit digitalen Währungen zu kaufen.

Nicht immer erfüllen sie die Vorstellung einer eigenen „Kunstwerk-Blockchain“ vollständig, sehen sich aber selbst als eine faire Instanz beim Vertrieb dieser Produkte.

Artlery ist ein bekannter Anbieter, der Kunst gegen Bitcoin verkauft. Die Plattform selbst verspricht, dass man den Umsatz der Kunstwerke fairer aufteilen möchte. Üblicherweise benötigten Musiker gerade zum Beginn ihrer Karriere die Unterstützung großer Distributoren – die ihnen jedoch keine großen Margen versprechen. Artlery möchte dieses Problem über die Crowd lösen:

Kunden sollen Kunstwerke nicht einfach nur kaufen, sondern die Künstler (finanziell) unterstützen können. Damit sind sie gewissermaßen auch eine Art Crowdfunding-Plattform für Künstler.

Man orientiert sich bewusst nicht an dem üblichen Streaming-Prinzip, wie es beispielsweise bei Spotify Anwendung findet, sondern an einem Supporter-Modell: Wer einen Newcomer aufgespürt hat, kann ihn finanziell unterstützen.

DIE BLOCKCHAIN KÖNNTE DIE GESAMTE MUSIKINDUSTRIE UMKREMPELN

Kreative Menschen werden oftmals als „Produzenten" wahrgenommen, die produzieren, was ihnen aufgelegt wird. Auf der anderen Seite gibt es dann die Drittparteien, die alle Aufgaben rund um das Geschäft übernehmen. Was bei Künstlern die Händler sind, sind bei Musikern die Labels. Nach diesem Rollenbild steht der Produktvertrieb im Zentrum, der von vielen Parteien beeinflusst wird. Künstler, Musiker und ähnliche Kreative stehen lediglich am Rand dieses Zentrums. Sie sind sehr wohl ein Teil des Geschäfts, tragen aber nicht die entscheidende Rolle.

Ganz anders sieht es die Blockchain-Technologie. Sie sieht den Künstler als Entrepreneur, als Schaffenden, der nicht nur die kreative Arbeit leistet und den Inhalt des Produkts liefert, sondern selbst die Führung übernimmt. Statt das Management von Lizenzen, Distributionsplattformen und Rechten zu delegieren, werden diese Aufgaben über Smart Contracts automatisiert.

Plattenlabels und ähnliche Unternehmen fallen dabei nicht gänzlich aus dem Spiel, haben aber eine andere Einwirkung auf den Gesamtprozess: Die Rolle der mächtigsten Partei, bezogen auf die Entscheidungskompetenz und der Gewinnbeteiligung, aus dem klassischen Rollenbild, wird ihnen genommen. Sie sind nach wie vor essentiell, um organisatorische Prozesse durchzuführen, die den eigentlichen Künstler von seiner Arbeit abhalten würden, haben aber einen wesentlich geringen Spielraum als zuvor.

PAY-WHAT-YOU-WANT-PRINZIP: FUNKTIONIERT DIE GUTGLÄUBIGKEIT?

Ein weiterer Weg, den Künstler einschlagen können, ist das vollkommen offene System des Pay-What-You-Want-Bezahlmodells. Nutzer, die die Inhalte konsumieren, werden grundsätzlich nicht dazu gezwungen, für sie zu bezahlen. Stattdessen stellt der Künstler bspw. eine Bitcoinadresse zur Verfügung, über die Nutzer Spenden hinterlassen können.

Fraglich ist in diesem Zusammenhang, ob Nutzer wirklich bereit sind, rein altruistisch für etwas zu bezahlen, dass sie ohne einen wesentlichen Nachteil auch kostenlos hätten konsumieren können.

Die britische Sängerin und Komponistin Imogen Heap hat dieses Modell selbst in der Praxis ausprobiert. Die Künstlerin verlinkt auf ihrer Homepage zu ihrer eigenen Dropbox, von der aus man sich ihren Song kostenlos herunterladen kann. Nur wer wirklich zahlen möchte, findet am Ende der Website einen QR-Code mit einer Bitcoin-Adresse, über die man sich bei der Künstlerin bedanken kann.

Der Test beweist durchaus, dass eine generelle Ablehnung des Pay-What-You-Want-Prinzips in der Gesellschaft nicht vorhanden ist. Unterstellen darf man ihr dennoch, dass sie allein dadurch, eine der Ersten mit diesem Zahlungsprinzip aktiven Musiker zu sein, einen gewissen „Testvorteil“ hatte. Schließlich gilt die Idee noch als Experiment und wird somit möglicherweise öfter aus Testzwecken genutzt, als es bei einem flächendeckenden Einsatz von Pay-What-You-Want-Produkten der Fall wäre.

WARUM DIE BLOCKCHAIN-TECHNOLOGIE NOCH NICHT „MUSIKREIF" IST

Die Ideen hinter den verschiedenen Möglichkeiten, Musik über die Blockchain zu vertreiben, klingen zunächst sehr innovativ und erleichternd. Wirft man allerdings einen Blick in die Realität, sind Umsetzungen dieser Ideen heute kaum zu finden. Sie sind schlichtweg noch Gedankenansätze, die sich noch nicht bewährt haben und voraussichtlich eine gewisse Zeit benötigen, bis sie in der Gesellschaft akzeptiert werden.

Erstens sind Bezahlmodelle wie das Pay-What-You-Want-Prinzip bisher den meisten Menschen nicht geläufig. Im Mindset der meisten Menschen ist fest verankert, dass Güter einen „Preis" haben, der vom Verkäufer festgelegt wird. Zwar basiert Pay-What-You-Want zu 100 % auf gegenseitigem Vertrauen und der Fairness untereinander, gleichzeitig ergibt sich aber ein gerechteres Bezahlmodell für den Einzelnen: Man bezahlt für digitale Güter keinen Preis, der vom Künstler gefordert wird, sondern jenen Preis, der einem Nutzer das Produkt wert war. Wer sehr zufrieden war, zahlt möglicherweise einen höheren Preis, als der Künstler normalerweise gefordert hätte, wer hingegen weniger Freude am Produkt hatte, weniger. Theoretisch betrachtet ergibt sich damit auf lange Sicht ein Modell, das guten Content fördert und besser belohnt als uninteressante Inhalte. Schließlich kehrt man damit das System um und zahlt erst dann, wenn man den „Wert" eines Produktes kennt, nicht vorher.

Ein zweites Problem, vor dem die Musikindustrie bei der Nutzung der Blockchain steht, sind die technischen Details der Blockchain. Aktuell sind die Möglichkeiten für Künstler, ein solches System zu nutzen, sehr beschränkt und teilweise an bestimmte Plattformen gebunden, die wiederum dem Prinzip der Dezentralität widersprechen. Gleichzeitig ist es nachvollziehbar, dass sich Content-Produzenten auf ihr eigentliches Geschäft konzentrieren und organisatorische Dinge delegieren möchten. Um diesen Zustand zu erreichen, sind hingegen einmalige (Bildungs-)Investitionen notwendig, um die Blockchain-Technologie nutzen zu können. Erst wenn es einfach zu nutzende Systeme für Künstler gibt, wird eine solche Idee Anklang in der Gesellschaft finden können. Zum heutigen Zeitpunkt ist jedoch noch nicht davon zu sprechen. Beispiele von konkreten Pay-What-You-Want-Künstlern blieben bisher exotische Ausnahmen im umkämpften Markt.

ÖFFENTLICHE VERWALTUNG

In der öffentlichen Verwaltung, egal ob auf Kommunal-, Landes- und Bundesebene werden viele Daten der Bürger in großen Datenbanken gespeichert. Die Verwaltung dieser Datenbanken verschlingt jedes Jahr hohe Summen – nicht zuletzt auch um einen angemessenen Sicherheitsstandard für die zumeist privaten und auf jedes Individuum bezogenen Daten gewährleisten zu können.

Angefangen beim Bürgerbüro, bei dem jeder einzelne Bürger einer Stadt oder Gemeinde erfasst wird, über staatliche Behörden wie der Polizei, Finanzämter, Justizvollzugsanstalten und Versorgungsämter über öffentliche Einrichtungen wie Museen oder Bibliotheken bis hin zu kommunalen Unternehmen wie Stadtwerken, Pflegeheimen oder Krankenhäusern – überall werden Unmengen an Daten erfasst und gespeichert. Daten, die für die jeweilige Verwaltungsebene einen großen Kostenfaktor darstellen, nicht zuletzt, weil sie über viele Jahre hinweg gesammelt und gespeichert werden müssen.

Aber nicht nur durch die Speicherung der täglich oder gar stündlich anfallenden Datenflut entstehen hohe Kosten. Auch der bürokratische Aufwand zur Datenerfassung verschlingt jährlich Steuern in mehrstelliger Millionenhöhe. Bisher war es üblich, sämtliche Formulare in Papierform in Kellern und Archiven der Behörden über Jahre hinweg zu verwahren. Die stetig steigende Datenflut drängte die Behörden und öffentlichen Einrichtungen dazu, auf den Zug der Digitalisierung aufzuspringen und die Aktenordner im Archiv gegen große Server und Festplatten zur Datenspeicherung auszutauschen. Nicht zuletzt auch, weil die Gesellschaft eine Digitalisierung der Daten der Einfachheit halber verlangt.

Ein gutes Beispiel für diesen Trend ist die elektronische Steuererklärung mit digitaler *Elster*-Signatur. Zwar nutzen weiterhin noch viele Menschen die Papiervariante, a-ber dennoch geht der Trend zur Digitalisierung. Sogar die Erfassung der bisher in Papierform eingereichten Belege soll 2017 über ein automatisiertes Verfahren beim Finanzamt möglich sein. Ein Automat soll hier die Überprüfung der Dokumente übernehmen und die Mitarbeiter weiter entlasten. Damit wäre die Abgabe der Steuererklärung zu 100 % in digitaler Form möglich.

Man kann sich kaum vorstellen, welche Speicherkapazitäten für eine allumfassende Digitalisierung der Daten von Nöten sind. Und hier sprechen wir gerade einmal beispielhaft von der Digitalisierung der Steuererklärung.

Legen wir dieses Szenario einmal über alle in der Verwaltung anfallenden Prozesse. Die Erfassung bei den Stadtwerken zur Sicherstellung der Energieversorgung, die Erfassung personenbezogener Daten bei der Stadtverwaltung, die Registrierung in der Stadtbücherei, der Eintrag beim Katasteramt, ein Eintrag in das Vorstrafenregister, der Aufenthalt im Krankenhaus oder einfach die Erfassung des zu zahlenden Knöllchens an der Windschutzscheibe nach einem Stadtbummel. Überall werden

Daten gespeichert, die oftmals noch von Menschenhand verwaltet werden. Das Schlimmste daran: Nahezu jede Institution verwaltet ihr eigenes, gigantisches Datenbanksilo mit ein und denselben Daten.

EIN STAAT AUF DER BLOCKCHAIN

Eine Verwaltung der enormen Datenmengen wäre durch die Blockchain im Zusammenspiel mit eigens auf spezielle Vorgänge abgestimmten Smart Contractsüberflüssig. Alle relevanten Daten, beispielsweise die jeden Bürgers wären transparent von autorisierten Institutionen auf der Blockchain dezentralisiert einsehbar.

Denkbar wäre hier eine digitale ID für jeden Bürger. Alle personenbezogenen Daten wie Name, Geburtsname, Geburtstag, Sozialversicherungsnummer, Anzahl Kinder, Ehepartner, Einkommen, Besitztümer etc. könnten auf der ID gespeichert und auf der Blockchain hinterlegt werden. Jeder Bürger könnte seine eigenen Daten anlegen, prüfen und verwalten oder autorisierten Institutionen Einsicht in den gesamten Datensatz oder einen ausgewählten Teil der Daten gewähren.

Alle Daten der Bürger wären dezentral auf der Blockchain abgelegt – große Datenbanken mit ein und denselben personenbezogenen Daten somit überflüssig.

E-ESTONIA: DAS DIGITALE STAAT-UP EUROPAS

Das kleine und mit gerade einmal 1,3 Millionen Einwohnern besiedelte Estland ist hier der große Vorreiter. Dieser nördlichste der baltischen Staaten hat bereits ein dezentrales System für die öffentliche Verwaltung geschaffen: e-Estonia.

Eine virtuelle Welt, in der die Daten aller Bürger digital und dezentral abgelegt sind. Hauptbestandteile der digitalen Infrastruktur sind das Netzwerk (die sogenannte X-

Road) und die digitalisierte e-ID von jedem Bürger Estlands. Das Rückgrat der digitalen Gesellschaft bildet die auf der Blockchain-Technologie basierte X-Road – die unsichtbar und doch unverzichtbar für die digitale Gesellschaft ist.

X-ROAD

Die X-Road ist ein dezentrales Netzwerk, das alle Daten aus dem öffentlichen und privaten Sektor miteinander verbindet. Zudem können über die X-Road die Daten aller Bürger über die elektronische ID abgefragt werden. Einmal über die X-Road verbunden, werden die Daten nicht wie in herkömmlichen Systemen zentral und von einzelnen Instanzen mehrfach und getrennt voneinander gespeichert, sondern lediglich einmal abgelegt. Alle anderen Instanzen greifen, sofern sie dazu autorisiert sind, darauf zu. Das Risiko von Falschinformationen oder Dubletten, und letztendlich auch der administrative Aufwand zur Pflege der Daten, wird damit um ein Vielfaches reduziert. Über die X-Road findet der Datenaustausch zwischen dem öffentlichen und privaten Sektor statt. Zudem werden hier die Daten der digitalen Bürger, d. h. e-IDs, verwahrt und bei Bedarf von autorisierten Instanzen abgerufen.

E-ID

Die individuellen e-IDs der Bürger stellen die wichtigste Säulen der digitalen Gesellschaft dar. Hier sind alle relevanten Informationen von jedem Bürger hinterlegt: Name, Adresse, Schulabschluss, Krankenversicherung, Fahrzeugzulassungen und Grundbesitz sind nur nur ein kleiner Auszug.

Dezentral abgelegt kann jede autorisierte Instanz über das Datennetz der X-Road in Echtzeit auf die Daten zugreifen, ohne diese erneut zu erfragen. Hier können auf ein ganzes Land gesehen enorme Ressourcen eingespart werden. Zudem müssen die Daten im Falle einer Änderung, bspw. einer Namensänderung bei Eheschließung, nur ein einziges Mal geändert werden.

Seit dem EU-Beitritt im Jahr 2004 gilt die ID-Card für Bürger Estlands als ein gültiges Reisedokument. Auch Ausländer können eine eigene e-ID beantragen und diese z. B. zur Online-Firmengründung in Estland nutzen.

Auch Bundeskanzlerin Merkel ist seit August 2016 im Besitz einer e-Nummer. Während eines Besuchs in Estland wurde sie unter der Resident-Nummer 11.867 registriert.

E-COMPONENT

Die e-Komponenten der digitalen Gesellschaft Estlands sind mit Smart Contracts zu vergleichen.

Hier werden Anwendungen für spezielle Institutionen oder Dienstleistungen geschaffen und der Öffentlichkeit zur Verfügung gestellt – ähnliche einem App-Store. Diese e-Komponenten bilden ein stetig weiterwachsendes Konstrukt eines digitalisierten Staates. Programmiert werden die Komponenten meist von privaten Unternehmen.

Nachfolgend eine Auswahl der bereits intakten e-Komponenten:

ELECTRONIC ID

Wie bereits erwähnt ist die e-ID das Herzstück der digitalen Gesellschaft. Die ID beinhaltet alle individuellen Informationen der Einwohner.

DIGI DOC

DigiDoc ist eine in Estland weit verbreitete Anwendung zur Verwaltung von digitalen Dokumenten.

DIGITAL SIGNATURE

Dank digitaler Signatur können Formulare und Dokumente digital und rechtlich bindend mit einem Zeitstempel unterzeichnet werden. Behördengänge werden hiermit überflüssig.

E-BUSINESS-REGISTER

Der wohl einfachste Weg, online ein Unternehmen zu gründen. Alle Prozesse werden binnen Minuten online abgewickelt und die Unternehmensdaten in einem digitalen Handelsregister abgelegt.

E-CABINET

Das Online-Kabinett für Regierungsmitglieder ermöglicht einen digitalen Austausch über mögliche Entscheidungen binnen Minuten. Auch eine Historie zur Entscheidungsfindung ist hier einzusehen. Die Anwendung erspart dem Land jedes Jahr Reisekosten von mehreren hunderttausend Euro.

E-COURT

Über den digitalen Gerichtssaal können Ansprüche geltend gemacht oder Klagen eingereicht werden. Zudem ist die Teilnahme an einer Gerichtsverhandlung über das Internet möglich.

E-LAW

Alle seit Februar 2003 verabschiedeten Gesetze sind hier für jeden Bürger einsichtig.

E-SCHOOL

Lehrer, Schüler und Eltern können hier auf einer dezentralen Plattform interagieren. Noten, Zeugnisse und andere relevanten Daten werden hier verwaltet.

E-VOTING

In Estland können die Bürger ihre Wählerstimme über das Internet von überall auf der Welt abgeben. Die Wahlbeteiligung ist seither stark angestiegen.

E-TAX

Die Steuererklärung wird mittels e-Tax komplett online und ohne großen Zeitaufwand automatisch erstellt. Die benötigten Einkommensdaten und der Besitz der Eigentümer sind bereits im Netzwerk der X-Road gepflegt und abrufbar.

POPULATIONS-REGISTER

Ein staatliches Register, in dem die Basisdaten der Einwohner Estlands erfasst werden.

Mittels dieser und vieler weiterer e-Komponenten, die im Gesamten eine digitale Gesellschaft bilden, können staatliche und private Strukturen neu geschaffen und effizienter verwaltet werden. Im Zusammenspiel mit einem Netzwerk wie dem der X-Road, welches die Daten in Echtzeit abrufbar macht und in einem dezentralen Netzwerk kryptografisch verschlüsselt, bietet Estland uns ein schönes Beispiel für ein auf der Blockchain-Technologie basiertes Verwaltungssystem. Ein europaweites, digitalisiertes Grundbuch wäre an dieser Stelle genauso denkbar wie ein grenzüberschreitendes Einwohnermeldesystem oder ein Patentregister.

DIE BLOCKCHAIN ALS GRUNDBUCH

Das Grundbuch ist ein öffentliches Verzeichnis, in dem der Nachweis aller an dem Grundstück bestehenden Eigentumsverhältnisse oder etwaige Lasten, eingetragen werden. Daher wird vom öffentlichen Glauben des Grundbuchs gesprochen. Der öffentliche Glaube des Grundbuchs erstreckt sich auf alle dort eingetragenen oder bereits gelöschten Rechte und dient der Rechtssicherheit. Bis zur Erbringung eines Gegenbeweises wird eine im Grundbuch eingetragene Tatsache als wahr erachtet.

In vielen Ländern der Welt, vornehmlich in einkommensschwachen Ländern, werden Grundbesitztümer nur unzureichend oder teilweise gar nicht registriert. Korrupte Beamten haben hier ein leichtes Spiel sich die besten Ländereien anzueignen oder zahlkräftigen Unternehmen zu überschreiben. Die Registrierung von Grundbesitztümern sind zudem sehr kostspielig und zeitaufwändig. Mehrere Monate Wartezeit sind hier keine Seltenheit. Alle Einträge in das Grundbuch müssen zwangsläufig über einen Notar laufen, der ebenfalls eine hohe Gebühr verlangt.

In einem der ärmsten Länder Südamerikas, Honduras, sind etwa 60 % der Grundbesitze nicht dokumentiert oder registriert. Registrierte Ländereien werden sich hier nicht selten durch korrupte Beamten erschlichen oder großen Konzernen zur Ausbeutung von Ressourcen übertragen. Das ganze System zur Registrierung von Besitztümern ist sehr anfällig für Korruption und nicht vertrauenswürdig. Vielen Zwischenmännern, Richtern und Bürokraten wird Korruption vorgeworfen. Meist trifft es dann die ärmsten Menschen. In den ländlichen Gegenden Honduras wurden viele Bauern des Landes beraubt, ihr Landbesitz reichen Geschäftsleuten übertragen um hier Palmölplantagen anzulegen oder Bodenschätze zu rauben

Zu den einflussreichsten Landeigentümern in Honduras zählt Miguel Facussé, ein Mitprotagonist des Putsches gegen den demokratisch gewählten Präsidenten Manuel Zelaya im Juni 2009. Einer der Hauptgründe für den Putsch war Präsident Zelayas Durchführung einer Landreform, die vielen Kleinbauern zu ihrem Recht verhalf.

Am frühen Morgen des 28. Juni 2009 überfiel eine Spezialeinheit der Armee die Residenz des Präsidenten in Tegucigalpa, holte Zelaya mit vorgehaltener Waffe aus dem Bett und flog ihn im Schlafanzug nach Costa Rica aus. Seither regieren Oligarchie und Militärs. Nach der von den Militärs organisierten Wahlfarce am 29. November, wurde Großgrundbesitzer Porfirio Lobo zum nächsten Präsidenten des Landes bestimmt.

Die autoritäre Regierung unter Präsident Porfirio Lobo in Honduras verhilft den Palmölproduzenten durch den Einsatz des Militärs zum Durchbruch.

Durch Einschüchterung, Zahlung von Schmiergeldern und korrupte Regierungsbeamte konnte Facussé sich schon in den 1990er Jahren große Anteile des Bodens in Bajo Aguán aneignen, um sie für den Anbau von Pflanzen für Agrartreibstoff zu nutzen.

Facussé verfügt zudem über eine kleine Privatarmee, die zur Terrorisierung der Bauern eingesetzt werden kann. Anfang 2010 begannen verarmte Kleinbauern das fragliche Land zu besetzen und darauf Subsistenzproduktion (Eigenbedarf) zu betreiben. Nach Angaben von Oxfam International leben 67 % der Menschen in Honduras unter der Armutsgrenze. Facussé setzte seine bewaffneten Söldner ein, was zahlreiche Verletzte und Tote sowie

Verwüstungen unter der bäuerlichen Bevölkerung zur Folge hatte.

Das 1992 beschlossene „Modernisierungsgesetz" für den Agrarsektor öffnete dem Verkauf von kommunalem und nationalem Land ganz neue Möglichkeiten. Seitdem hatten sich die Großgrundbesitzer ausgedehnte Landstriche angeeignet. Drohungen und korrupte Beamten taten ihr Übriges, um den Landkonzentrationsprozess zu beschleunigen. Mittlerweile verfügt laut der Nichtregierungsorganisation „Oxfam" in Honduras 1 Prozent der Bevölkerung über 33 Prozent des fruchtbaren Landes.

Soviel zur Geschichte – wie aber kann die Blockchain in einer so verworrenen Situation helfen und Vertrauen zurück in das Land bringen?

Wie wir bereits in den vorherigen Kapiteln gelernt haben, ist die Blockchain ein offenes, digitales und dezentrales Register. Die Blockchain-Nodes (Knotenpunkte), die das Netzwerk aufrechterhalten, könnten etwa von den Regierungsbeamten und der Bevölkerung betrieben werden. Einträge könnten somit nicht einfach von korrupten Beamten verändert und Grundbesitz nicht ohne Zustimmung der Mehrheit übertragen werden. Das System würde nicht einer einzelnen Entität gehören sondern allen Teilnehmern. Die Blockchain ist ein P2P-Netzwerk, das für alle frei einsehbar ist. Jeder Betrug würde hier sofort auffallen.

Das US-Startup Factom plant für Honduras bereits in Zusammenarbeit mit Epigraph und der Regierung von Honduras eine Blockchain-Lösung zur Erfassung von Grundbesitztümern auf der Blockchain. Das derzeitige System und die Datenbanken sind ineffizient strukturiert, sodass sich Befugte beliebig der Ländereien bedienen und sich die schönsten und reichhaltigsten Böden aneignen.

Auch in Georgien gibt es bereits Pläne zur Erfassung von Landtiteln auf der Blockchain.

Das Bitcoin Mining-Unternehmen BitFury hat einen Deal mit der georgischen Regierung abgeschlossen, in dem es darum geht ein Blockchain-System zu entwickeln, das Grundstückstitel registriert.

BitFury soll dabei helfen, eine Plattform für die, im Justizministerium ansässige, nationale Registrierungsbehörde (NAPR) zu entwickeln. Laut BitFury wird die Blockchain-Plattform über Zugriffsrechte verfügen. Diese sollen sicherstellen, dass die Blockchain nur von befugten Personen benutzt werden kann. Trotzdem knüpft die Plattform an die Bitcoin-Blockchain an. Entsprechend wird es auch eine Art Mining geben, dass die Grundstücks-Registrierungen verifiziert.

Der Leiter der nationalen Registrierungsbehörde NAPR, Papuna Ugrekhelidze, äußerte in einem Statement, dass das Projekt dazu beitragen kann Transparenz bei Registrierungen zu schaffen und Betrug einzudämmen.

„Mit dem Aufbau eines Blockchain-Registers können wir Vorteile im Bereich Sicherheit erzielen und gleichzeitig der Welt zeigen, dass die georgische Republik ein modernes, transparentes und korruptionsfreies Land ist. Wir möchten weltweit führend in der Nutzung einer modernen Grundbuchverwaltung werden und den Weg zu einem höheren Wohlstand ebnen."

Ob und wann eine Blockchain-Lösung zur Erfassung von Landtiteln letztendlich in den beiden oder anderen Ländern in die Tat umgesetzt werden, steht noch offen. Es wäre jedoch ein guter Ansatz das Vertrauen der Bevölkerung zurückzugewinnen und eine faire Struktur aufzubauen.

DEZENTRALE AUTONOME ORGANISATIONEN AUF DER BLOCKCHAIN

Ein zentrales Stichwort im Rahmen von Smart Contracts ist die Dezentrale autonome Organisation. Unter diesen Begriff fallen Governance-Systeme, die mit der Hilfe von objektiven Algorithmen Organisationen ohne Mittelsmänner und Führungskräfte erlauben. In solchen dezentralen Organisationen ist es das Ziel, dass möglichst viele Leute an Entscheidungsprozessen beteiligt werden können. Der in der Blockchain generell wichtige Konsens bekommt im Rahmen der digitalen autonomen Organisation eine neue Bedeutung. In der Hinsicht kann man ideologische Parallelen in verschiedenen anarchischen Organisationen oder in lokal orientierten und deshalb dezentralen Systemen wie dem Distributismus erkennen. Diese Parallelen existieren nicht zufällig, ist doch ein ideologischer Vater der Blockchain die Cypherpunk-Bewegung.

Man merkt an dieser Definition, dass Bitcoin selbst eine Vorreiterrolle besitzt: Die monetären Transaktionen werden so abgewickelt, dass es keine zentrale Autorität gibt, die Kontrolle über diese Transaktionen hat. Banken, der Staat, aber auch Payment-Provider haben sicherlich Einfluss, aber keine endgültige Autorität über das System Bitcoin.

Dezentral und autonom ist diese Form der Organisation – jedoch nicht beliebig. Mithilfe von Konzepten wie dem Proof-of-Work ist das System Bitcoin nicht chaotisch, sondern extrem geordnet.

Mit Bitcoin musste eine wichtige Lektion gelernt werden: Das operative Tagesgeschäft wie die Verarbeitung von Zahlungen mag dezentral organisiert sein, strategische Entscheidungen über die Zukunft von Bitcoin waren jedoch weiterhin eng mit dem Bitcoin Core Developer Team verbunden. An den vielen Debatten in der jüngsten Zeit über Alternativansätze wie Bitcoin Classic oder Segregated Witness zeigte sich diese Zentralisierung als eine Bremse für die Innovation. Bei anderen Kryptowährungen wurde deshalb versucht, ein System mit einer komplett dezentral aufgestellten Governance zu entwickeln.

DASH – ALTCOINENTWICKLUNG ALS DAO

DASH ist das prominenteste Beispiel für eine solche Entwicklung. In DASH ist kein fester Kern von Developern, der über das Schicksal von DASH entscheidet, sondern die sogenannten Master-Node-Betreiber. Betreiber von Master Nodes betreiben eine Full Node. Sie haben also die gesamte Blockchain heruntergeladen und garantieren so eine dezentrale Ablage derselben. Außerdem haben sie eine Sicherheit von 1000 DASH angelegt – was einem aktuellen Marktwert von ungefähr 11.000 Euro entspricht. Diese Investition wird in zweierlei Hinsicht vergütet: Master-Node-Betreiber werden an den Mining Rewards mit 45 % beteiligt – weitere 45 % gehen an die Miner selbst, der Rest wird für die Instandhaltung des Netzwerks und periphere Aufgaben wie die Öffentlichkeitsarbeit verwendet. Außerdem sind es die Master-Node-Betreiber, die über die Weiterentwicklung von DASH entscheiden. Zwar können Dritte (bspw. das Dev-team) Vorschläge unterbreiten, abstimmen können jedoch nur die Master-Node-Betreiber.

Dieses Governance-Modell ist nicht einfach etwas, worauf man sich geeinigt hat. Die anteiligen Reward-

Ausschüttungen, die Prozessierung von Proposals (Vorschlägen, wie das Budget verwendet werden kann) und des Votings (Wahlverfahrens) sowie die Ausschüttungen für akzeptierte Proposals sind vollständig über die Blockchain geregelt.

Das Ziel hinter dieser automatisierten, dezentralen Governance ist, dass weder Developer noch Miner die Währung in der Hand haben, sondern jene, die einen signifikanten Geldbetrag in DASH investiert haben. Während Developer ein Projekt zugunsten eines neuen verlassen können und auch Miner auf andere, lukrativere Kryptowährungen wechseln können, sind die Master-Node-Betreiber durch die signifikant hohe Sicherheit, diese hinterlegt haben, letztlich gebunden. Aus Sicht der Developer von DASH ist das der Grund, warum diese Master-Node-Betreiber über die Budgets für neue und bestehende Projekte entscheiden können.

DAO – VOTING FÜR ALLE UND FÜR ALLES

Das Konzept hinter DASH illustriert zwei wichtige Konzepte einer DAO: Die Governance von DASH ist dezentral und sie ist automatisiert. Das Governance-System von DASH ist aber kein universelles System: Nur Master-Node-Betreiber können an den Voting-Prozessen teilnehmen. Außerdem ist der Fokus der DASH-Governance primär die Weiterentwicklung der dezentralen Währung. Viele Szenarien sind vorstellbar, in denen eine solche Verwaltungsform ebenfalls sinnvoll wäre: In der Sharing Economy könnten solche Systeme eine Antwort auf zentralisierte Giganten wie Uber und Airbnb sein. Im Internet of Things und in der Machine to Machine Communication könnten solche Verwaltungsformen garantieren, dass ein komplexes System, auch ohne Ankopplung an einen zentralen Server, funktionieren kann (Weiteres zum Thema Internet of Things im entsprechenden Kapitel). Schließlich kann eine dezentrale automatisierte Organisation auch die Buchhaltung auf transparente Art automatisieren – was gerade im Rahmen von Crowdfunding-Kampagnen oder im Venture-Capitalist-Bereich interessant sein kann.

Dieser Herausforderung stellte sich das Unternehmen Slock.it (auf das noch im Rahmen des Internet of Things eingegangen wird) mit einem großen Projekt namens „The DAO".

Eine Idee, im Rahmen des im Kapitel Internet of Things behandelten Projekts Slock.it, war, dass Unterstützer des Projekts auch Anteil an den Profiten desselben erhalten sollten. Dieses Konzept wurde von Anfang an offen mit einer großen Community von Interessierten, größtenteils auf dem projekteigenen Slack-Channel, diskutiert. Im Rahmen dieser Diskussionen wurde erkannt, dass die Idee eines dezentralen Crowd-Investing für deutlich mehr Projekte als nur für Slock.it interessant wäre. Frucht dieser Gedanken war ein Projekt namens „The DAO".

The DAO kann man sich, vom Konzept her, wie einen dezentralen Venture Capitalist Fund (Fonds für Wagniskapital) vorstellen, bei dem die Möglichkeit besteht, während eines Token-Sales Geld zu investieren. Diese DAO-Token können primär für Ether erworben werden, wobei Exchanges wie Shapeshift auch andere Zahlungswege angeboten haben In erster Linie autorisieren die DAO-Token den Besitzer dazu aktiv an Entscheidungen innerhalb der DAO teilzunehmen. So konnten Entwickler der DAO-Projekte zum Funding vorschlagen, worüber die DAO Token Holder (d. h. Besitzer dieser Token) in einem Wahlprozess entscheiden konnten.

Das Proposal jener Entwickler bestand nicht einfach aus

einer verbalen Darstellung der Projektziele und der erbotenen Fördersumme. Über einen Smart Contract wurde zusätzlich definiert, wie die Fördersumme ausgeschüttet werden würde, ob also der Betrag sofort oder unter bestimmten Konditionen in Einzelbeträgen ausgeschüttet werden sollte.

Über diese Proposals abstimmen konnten die Besitzer von DAO-Tokens, sobald das Proposal eingereicht und von einer Gruppe ausgewählter Kuratoren akzeptiert wurde. Aufgabe dieser Kuratoren war, die mit den Proposals eingereichten Smart Contracts zu überprüfen. Sie konnten von der Community abgewählt werden.

Um Spam vorzubeugen, war das Einreichen von Proposals mit einer einmaligen Gebühr von zwei Ether versehen.

Ein weiteres wichtiges Feature, das auch stark mit den philosophischen Grundannahmen der dezentralen Blockchain – und noch mehr einer DAO – zusammenhängt, war, dass die Möglichkeit bestand sich jederzeit aus der DAO zu lösen. Man konnte nicht nur seine DAO Token in einem Exchange verkaufen, sondern eine komplett neue DAO gründen und seine Anteile mitnehmen. Dazu wurde keine Mehrheit benötigt – jeder einzelne Token Holder sollte die Freiheit besitzen, sich, wann immer er wollte, aus der DAO zu lösen. Außerdem ist zu betonen, dass ein solches Splitting Proposal die einreichende Person keine Gebühr kostete.

Dieses Splitting diente einem weiteren Zweck: Sollte die Macht innerhalb der DAO zu stark in einer Hand sein, hätte sich die Minderheit von der Mutter-DAO trennen können.

Insgesamt war die Idee der DAO reizend, weshalb sie

viele begeisterte Unterstützer fand. Der DAO-Token-Sale endete in der größten Crowdfunding-Aktion der Geschichte: Über 150 Millionen Dollar wurden in die DAO investiert. Doch es gab auch kritische Stimmen: Emin Gün Sirer, Associate Professor an der Cornell University, zeigte einige Schwächen des Codes auf und riet der Community zu einem Moratorium – einer kurzen Zeit, in der der Code noch einmal überarbeitet werden sollte. Zu diesem Moratorium kam es nie – mit fatalen Folgen für die DAO.

DAS ENDE DER DAO

Der nachfolgende Abschnitt enthält fachspezifische Details aus dem Bereich der Programmiersprachen. Zum vollumfänglichen Verständnis sind Grundlagenkenntnisse hilfreich.

So sinnvoll diese Splitting Proposals auch waren – die Implementierung derselben war letztlich auch der Grund zum Scheitern der DAO. An der Stelle sei der Hack der DAO grob umrissen.

Eine Analyse des Codes zeigt, dass man im Rahmen des Splits eine Lücke derart ausnutzen konnte, dass ein Splitting Proposal mehrfach ausgeführt werden konnte, ohne dass der Ether-Kontostand des Einreichers dieses Proposals aktualisiert wurde. Das bedeutet, dass die DAO nach jedem Splitting Proposal weiterhin dachte, dass der Angreifer seinen Anteil an Ether immer noch in der DAO hat – obwohl dieser längst überführt wurde. Um das genauer zu verstehen, sei die Funktion `splitDAO` im Source Code der DAO genauer betrachtet:

```
function splitDAO(uint
_proposalID, address _newCurator
) noEther onlyTokenholders returns
(bool _success) {
```

```
 ...

uint fundsToBeMoved =
     (balances[msg.sender] *
p.splitData[0].splitBalance)
/     p.splitData[0].totalSupply;

// (1)

if
(p.splitData[0].newDAO.createTokenProx
y.value(fundsToBeMoved)(msg.sender) ==
false)

     throw;
//(2)

  ...

 Transfer(msg.sender, 0, balanc-
es[msg.sender]);
//(3)  withdrawReward-
For(msg.sender);  //(3)

 totalSupply -= balanc-
es[msg.sender];  //(4) balanc-
es[msg.sender] = 0; //(5)

 paidOut[msg.sender] = 0;

 return true;

}
```

In Abschnitt (1) wird Ether von der DAO in eine Tochter-DAO bewegt und neue Tokens erzeugt. Letztlich kann man die oben beschriebene Lücke schon hier erkennen: Noch bevor die Bilanz innerhalb der DAO hinsichtlich der DAO Token upgedatet wird, wird der Transfer des Ethers initiiert und neue Tokens der Tochter-DAO erzeugt. Die DAO Token innerhalb der ursprünglichen DAO existieren noch.

Die Zeile (2) ist eine kritische Zeile im Code, die bei mehrmaliger ausführung eine Art Double-Spending initiieren würde.

Die Zeile (3) sorgt dafür, dass die mit dem Account zusammenhängenden DAO Token verbrannt werden und der Initiator seine Rewards bekommt.

Hier wird es interessant: die DAO Token werden verbrannt, dem Initiator wird sein Reward gutgeschrieben – und erst dann wird die Variable `total supply` (4) sowie die Balance (5) des Angreifers angepasst.

Das bedeutet, dass man folgendes Angriffsschema anwenden könnte: nach Initiierung eines Splits startet man einen weiteren Split, bevor die `withdraw`-Funktion die Balance des eigenen Kontos aktualisiert. Dadurch werden die Zeilen (1) und (2) mehrmals durchgeführt – wodurch der Angreifer mehr Ether, als ihm zusteht, aus der DAO entfernen kann.

An sich gab es zu der Zeit des Angriffes noch keine Rewards – diese wären mit eingereichten und erfüllten Proposals wichtig geworden. Hier konnte der Angreifer eine zweite Lücke ausnutzen, die sich in der Funktion `withdrawRewardFor` befindet:

```
function withdrawRewardFor(address
_account) noEther internal returns
(bool _success) {

if ((balanceOf(_account) * rewardAc-
count.accumulatedInput()) / totalSup-
ply < paidOut[_account]) //(1)
```

```
throw;

uint reward =   (balanceOf(_account) *
rewardAccount.accumulatedInput()) /
totalSupply - paidOut[_account];

if (!rewardAccount.payOut(_account,
reward)) //(2)

  throw;

 paidOut[_account] += reward;

 return true;

}
```

In der ersten Abfrage (1) wird überprüft, ob dem Account noch Rewards zustehen. Sofern die Bedingung (1) nicht erfüllt ist, kommt es zur zweiten Abfrage (2), die dann zugunsten des Angreifers erfüllt wird. Ziel des Angreifers war also, eine Situation zu schaffen, in der Bedingung (1) nicht erfüllt wird. Das wäre allein schon dadurch erreicht, dass die Auszahlung nicht aktualisiert wird. Dann wäre `paidOut[_account]` niemals größer als `balanceOf(_account) * rewardAccount.accumulatedInput()) / totalSupply` – selbst wenn `balanceof(_account)` Null wäre (und damit auch noch kein Reward ausgezahlt wurde).

Gas, d. h. die Gebühren zum Ausführen von Code, funktionieren in diesem Zusammenhang schlecht als Limitierung: Der Exploit ist von der Implementation her nicht aufwändig, sodass auch die Gas-Gebühren klein bleiben.

Neben diesen technischen Hintergründen spielte dem Angreifer die noch junge Community in die Hände: In der Zeit nach dem DAO-Token-Sale gab es viele Proposals, ebenso viele Splitting Proposals – und viele davon hatten den Charakter eines Proposals, das primär zum Testen der Möglichkeiten implementiert wurde. In dieser Masse ging ein Proposal namens „lonely, so lonely“ unter.

Der Angreifer hat sich mit den Sicherheitsmechanismen der DAO vertraut gemacht: Wissend, dass über ein Splitting theoretisch das Gros der Bestohlenen sich in einer neuen Tochter-DAO hätten organisieren können, stimmte der Angreifer für jedes Splitting Proposal nach seinem eigenen.

Womöglich damit zusammenhängend, fand kurz vor der DAO-Attacke auf Bitfinex, einem Exchange für Digitalwährungen ein großes Shortselling von Ethereum statt. Shortselling ist letztlich ein Wetten auf einen fallenden Preis: Man leiht sich in dem Fall einen bestimmten Betrag Ether, um diesen Betrag in Ether einige Zeit später wieder zurückzugeben. Wenn Ether in dieser Zeit im Wert fällt, macht man dabei Gewinn. Ein Shortselling in Höhe von drei Millionen Dollar kurz vor der DAO-Attacke, einem Ereignis, das wahrscheinlich zu einem dramatischen Kursfall von Ethereum führen würde, legt den Verdacht nahe, dass entweder Insider-Trading praktiziert wurde oder die Angreifer selbst eine große Sicherheit für ihren Heist zurücklegen wollten. Diese Sicherheit ist aus Sicht des Angreifers wichtig, da es im Fall eines DAO-Split von der Initiierung bis zur Finalisierung desselben 27 Tage dauert. In dieser Zeit kann viel passieren, sodass der Angreifer vermutlich eine monetäre Sicherheit haben wollte.

Soweit eine Übersicht über die Technik hinter dem DAO-Hack. Für weitere Details sei auf den Hack selbst verwiesen. Dank der Transparenz der Ethereum-Blockchain kann man ihn vollständig ansehen:

Von dem folgenden Account gingen die mit dem Split zusammenhängenden Transaktionen aus: `0xf35e2cc8e6523d683ed44870f5b7cc785051a77d`.

Die Tochter-DAO (oft in der Presse als „Dark DAO" bezeichnet) lässt sich hier finden: `0x304a554a310c7e546dfe434669c62820b7d83490`.

Schließlich wurde das ursprüngliche Splitting proposal unter dieser Adresse abgelegt: `0xb656b2a9c3b2416437a811e07466ca712f5a5b5a`.

FOLGEN DES DAO-HACKS

Der oben beschriebene Hack betraf deutlich mehr als die DAO: Es hat sich eine Gruppe von Hackern zusammengetan, die unter dem Namen „White Hat Group" versuchte, die gestohlenen Funds aus der Hand der Angreifer zu entwenden. Ethereum ist im Zuge dieses Hacks von fast 19 Euro auf ungefähr 10 Euro gefallen – ein Schock, von dem sich Ethereum noch nicht vollständig erholt hat.

Die dramatischste Folge ist jedoch die Hard Fork. Im Nachgang des Hacks gab es verschiedene Stimmen, die sich für eine Änderung des Ethereum-Protokolls aussprachen. Dabei ist zwischen einer so genannten Soft Fork und einer Hard Fork zu unterscheiden:

In einer Soft Fork wird letztlich nur das Protokoll geändert: Es gelten ab dem Start dieser Fork neue Regeln. Die alten Transaktionen sind weiterhin gültiger Bestandteil der Blockchain, die nach der Softfork eingehenden Transaktionen müssen jedoch den neuen Regeln folgen.

Da es sich bei der Soft Fork primär um eine softwarebasierte Neuinterpretation der Transaktionen handelt, müssen ihr an sich nicht alle Miner zustimmen: Sofern Miner mit Prä-Soft Fork clients den Proof-of-Work für sich entscheiden, wird eine Transaktion entsprechend behandelt.

Eine Hard Fork ist eine Änderung der Blockchain selbst: Die Vergangenheit wird sozusagen umgeschrieben.

Mithilfe einer Soft Fork wollte man alle Konten des Angreifers einfrieren. Im Vorfeld wurde jedoch klar, dass dadurch eine Lücke für DoS-Attacken entstehen würde. Deshalb haben sich weite Teile der Ethereum-Community für eine Hard Fork ausgesprochen – die einzig andere Alternative wäre eine Akzeptanz des Diebstahls gewesen.

Unabhängig von den Verlusten, die durch den Hack bei den Leuten, die in die DAO investierten, entstanden, war vor allem ein dramatischer Punkt, dass der Angreifer am Ende über 3 Prozent des verfügbaren Ethers besitzen würde – damit wäre ein Bagholder geschaffen worden, der den Wert von Ethereum in seinen Händen gehalten hätte. Aus Sicht der Befürworter des Hard Forks gab es also nicht mehr die Wahl zwischen Dezentralisierung und Zentralisierung der Macht über Ether, sodass das Development Team die Macht kurzzeitig an sich reißen und den Hard Fork initiieren sollte. In diesem Hard Fork wäre die in der Blockchain abgelegte Geschichte derart geändert worden, dass der DAO-Hack nicht stattgefunden hätte.

Es gab einige kritische Stimmen: Die Hard Fork wäre zwar nicht die erste Hard Fork in der Geschichte der Blockchain gewesen, jedoch die erste, die eine dritte Partei betraf. Es wurde kritisiert, dass man zugunsten der

DAO – einer von der Ethereum Foundation an sich unabhängigen Instanz – die Unveränderbarkeit der Blockchain aufgeben würde.

Dieser Streit wurde von beiden Seiten leidenschaftlich und bisweilen polemisch geführt – und führte letztlich zu einer Spaltung der Ethereum Community. Eine Abstimmung unter den Minern ergab zwar eine überwältigende Mehrheit, die für die Hard Fork war, jedoch konnte darüber diskutiert werden, wie repräsentativ diese Wahl war: Kurz nach der Initiation der Hard Fork zeigte sich, dass genügend Miner diese nicht unterstützten, wodurch eine alternative Blockchain am Leben erhalten wurde. Ethereum Classic ist Ethereum ohne die Hard Fork. Man vermutete, dass diese Abspaltung von der Ethereum Blockchain schnell untergehen würde. Als jedoch Exchanges wie Poloniex anfingen, dieselbe in ihr Portfolio aufzunehmen, war diesen Hoffnungen ein Ende gesetzt. Zwischendurch war Ethereum Classic die Kryptowährung mit der drittgrößten Marktkapitalisierung nach Bitcoin und Ethereum. Mitte September 2016 besaß Ethereum Classic mit 108 Millionen Dollar das sechsthöchste Marktkapital aller Kryptowährungen.

Insgesamt sind die Geschichte der DAO und alle daraus erwachsenen Schwierigkeiten eine dramatische und lehrreiche Episode der Blockchain-Geschichte. Sie ist ein Beispiel dafür, was Menschen über die Welt verteilt erreichen können – nichts Geringeres als die größte Crowdfunding-Aktion aller Zeiten bzw. des größten dezentralen Funds aller Zeiten. Jedoch war eine wichtige Lektion, dass komplette Dezentralität ebenso wie Konsens Schattenseiten haben.

Auch wenn diese DAO ein Ende fand, ist das Konzept nicht tot. Verschiedene alternative Konzepte wurden vorgeschlagen, Solidity wird weiterentwickelt und

DASH als eine andere Art dezentraler Organisation läuft ohne größere Probleme.

DAPPS

Im Kapitel über Smart Contracts wurde über intelligente Verträge gesprochen. Ein großes Anwendungsfeld für Smart Contracts sind dezentrale Applikationen oder kurz Dapps (decentral applications). Dezentrale Applikationen führen einen Kerngedanken der Blockchain zu Ende: Daten innerhalb der Blockchain sind nur durch einen breiten Konsens bezüglich eines Hard Forks aus der Blockchain zu entfernen – sprich, erst wenn ein Großteil der Miner und ein Großteil der Nodes einer Protokolländerung mit manipulierter Blockchain zustimmen, könnte man letztere ändern. Selbiges lässt sich über dezentrale Applikationen sagen: Letztlich sind diese nicht aus der Blockchain zu entfernen. Eine Dapp kann also, so lange es ein kleines Netzwerk aus Miner und Nodes gibt, theoretisch ewig laufen.

Doch Dapps führen einen weiteren wichtigen Kerngedanken der heutigen Zeit weiter, einen Gedanken, der im Rahmen Smart Contracts angesprochen wurde: Während das Open Source Movement Quellcodes für alle Menschen zugänglich, auf Seiten wie Github, svn, mercurial etc., abspeichert, sind dezentrale Applikationen während der Laufzeit vollständig einsehbar. In dem Zusammenhang wird oft der Begriff „Open Execution“ genutzt – es ist so für jeden einsehbar, was für ein Code aktuell läuft.

Auf jene Blockchain-Lösungen, die dezentrale Anwendungen möglich machen, kann auf die im Kapitel über Smart Contracts erwähnten Lösungen Ethereum und Lisk hingewiesen werden. Es gibt zwar weitere, auf der Basis anderer Blockchains implementierte Dapps –

jüngste Entwicklungen sind auf der Seite dappslist.com zu sehen – jedoch sind das die zwei Blockchain-Lösungen, die im Rahmen von Dapps bisher am meisten Airplay erhalten haben. Und selbst hier ist zu sagen, dass Lisk noch in einer Alpha-Phase ist.

Um die Möglichkeiten, die dezentrale Applikationen bieten, darstellen zu können und um eine Werkschau aktuell existierender Lösungen darzustellen, seien hier einige Use Cases, dieser zwei Blockchain-Technologien, dargestellt.

DAPPS IN LISK

Besonders bei Lisk ist, dass eine neue Dapp letztlich eine neue Sidechain zur eigentlichen Lisk-Blockchain anfügt. Eine weitere Besonderheit bei Lisk ist der Delegated Proof of Stake (kurz DPOS), in dem 100 vom App-Entwickler ausgesuchte Nodes Transaktionen über einen Proof-of-Stake-Mechanismus verifizieren.

Neben einigen Dapps im Tutorial-Bereich (eine Messaging App und ein Reddit-Lookalike) existiert ein Gästebuch, das in Lisk implementiert ist.

Man merkt, dass mit diesen Dapps eher ein Proof of Concept geliefert wird, dass es eben möglich ist, in Lisk lauffähige Dapps zu schreiben. Es bleibt zu sehen, was sich hier in Zukunft tut.

DAPPS IN ETHEREUM

Ethereum als der große Player auf dem Gebiet der Blockchains mit Smart Contracts kann natürlich einige Dapps aufweisen. Jedoch ist hier die Situation ähnlich wie im Fall von Lisk: Viele Dapps sind eher ein Proof of Concept und weniger interessant für Außenstehende. Nichtsdestotrotz existieren ein paar interessante Dapps, die hier kurz vorgestellt werden sollen.

Notareth ist ein dezentral aufgestellter notarieller Service, der den Besitz von Dokumenten regeln und automatisieren soll. Über ein User Interface lassen sich Dateien wie Pdf-Dokumente hochladen. Der Beweis, rechtmäßiger Eigentümer dieses Dokuments zu sein, soll über einen in diesem Zusammenhang erzeugten Hash erfolgen. Falls diese Besitzansprüche an Dritte weitergegeben werden sollen, ist dieser Hash auch weiterzugeben.

Colony soll es Leuten ermöglichen, weltweit sich zusammenzufinden und zu kooperieren. Dabei werden sogenannte Kolonien geformt, d. h. dezentrale Gruppierungen, die gemeinsam an einem Projekt arbeiten. Innerhalb dieser Kolonien wird Nektar als eine interne Währung für gute Arbeiten ausgeschüttet. Der Nektar verleiht einem zum einen mehr Stimmrecht bei Entscheidungen, die die Kolonie gemeinsam treffen muss, zum anderen lässt sich der Nektar in Geld umtauschen.

Der *Ethereum Computation Market* soll, wie der Name suggeriert, einen Marktplatz für Rechenressourcen schaffen. Man könnte zwar sagen, dass letztlich Berechnungen auf der Ethereum Virtual Machine ablaufen könnten, jedoch gibt es Aufgaben, die derart aufwändig sind, dass dies vom notwendigen Gas her sehr teuer wäre. Solche Aufgaben könnte man an einen Computer außerhalb der Blockchain schicken, der diese Aufgaben schnell beantworten könnte.

Dapps sind im Augenblick noch jung, vieles existiert erst im Beta-Status und ist teilweise noch unausgereift. Jedoch ist auch die zugrundeliegende Technologie noch sehr jung – selbst die Blockchain ohne Smart Contracts ist noch nicht einmal zehn Jahre alt. Man kann also in den nächsten Jahren gespannt sein, was noch kommen wird!

SUPPLY CHAIN MANAGEMENT

Supply Chain Management ist in der Industrie allgegenwärtig. Die Wertschöpfungs- und Lieferkette von den Rohstoffen zum fertigen Produkt ist eine lange Kette aus Einzelgliedern, die insgesamt die Qualität und den Preis des Endproduktes ausmachen.

Im Supply Chain Management werden jene Wertschöpfungsketten analysiert und optimiert. Dabei versucht man nicht nur, das beste Preis-Leistungs-Verhältnis bei Zukaufteilen zu finden, sondern eine möglichst fehler- und ausfallfreie Lieferkette aufzubauen.

In der heutigen Zeit spielen bei diesen Vorhaben Datenbanken eine große Rolle. Mittels SAP lassen sich die einzelnen Stationen der Wertschöpfung über Unternehmen hinweg in einer Datenbank abbilden und miteinander verbinden, sodass Logistik, Qualitätsmanagement, Einkauf, Vertrieb, Produktion und Prozessmanagement von verschiedenen Firmen einsehbar sind. Dadurch kann man beispielsweise im Rahmen der Theory of Constraints oder des Tokyo Production System komplette Fertigungsabläufe vom Einkauf der Rohstoffe und Halbzeuge bis hin zu der Lieferung der fertigen Produkte managen.

Doch nicht nur hinsichtlich Qualität und Preis ist ein Supply Chain Management wichtig. In Zeiten des Billiglohns, der Massentierhaltung und dramatischer Vorfälle bei Foxconn sind ethische Aspekte sowohl für den Gesetzgeber als auch den Endverbraucher wichtig. Konsumenten möchten wissen, dass Regeln der Arbeitssicherheit bei den Unterlieferanten eingehalten werden, dass die Arbeitnehmer dort einen fairen Lohn erhalten und dass die Tiere, die wir essen, nicht unter katastrophalen Bedingungen gehalten wurden.

Zur Gewährleistung der Qualität, zur Evaluierung der Lieferantenbeziehungen und zum Aufspüren möglicher Problemfälle ist es sinnvoll, im Rahmen des Supply Chain Management über die einzelnen Schritte der Wertschöpfung Buch zu führen. „Buchführung“ baut schließlich die Brücke zur Blockchain auf, ermöglicht diese doch eine dezentrale, unveränderbare und transparente Buchführung. Mithilfe von Smart Contracts und Interaktionen mit dem Internet of Things kommt die Automatisierung ganzer Wertschöpfungsketten als ein weiterer interessanter Aspekt des Supply Chain Management dazu. Deshalb arbeiten zum Ersten Giganten wie SAP, Toyota oder IBM an Supply-Chain-Management-Lösungen auf der Blockchain, zum Zweiten existieren verschiedene Ansätze zur Nutzung der Blockchain für Supply-Chain-Management-Anwendungen. Als eine der bekanntesten Anwendungen auf dem Gebiet sei Everledger kurz vorgestellt.

Everledger ist eine Blockchain-Anwendung, die zum Ziel hat, Schutz vor Diamantenfälschung und –diebstahl zu bieten. Auf der Blockchain von Everledger können Händler Diamanten hinsichtlich ihrer Spezifikationen (der 4 Cs – Cut, Color, Clarity, Carat Weight) in digitaler Form sowie hinsichtlich weiterer Informationen, was beispielsweise den aktuellen Besitzer betrifft, hinterlegen. Dadurch kann der Umwelt schnell mitgeteilt werden, ob ein Diamant gestohlen wurde, sodass Diamantenfälscher und -diebe als verdächtige Besitzer nicht registrierter Diamanten auffallen würden. Schließlich kann garantiert werden, dass Diamanten nicht aus Krisenregionen kommen. Spätestens seit dem Kimberley-Prozess der UN wird gegen Blutdiamanten vorgegangen.

Doch nicht nur für die Suche nach Verbrechern ist Everledger sinnvoll: Auch Kunden können sich über Everledger informieren, welche Diamanten bei welchem Verkäufer zu finden sind.

Folglich lässt sich der Vorteil erkennen, dass eine Datenbank nicht nur firmenintern genutzt werden kann. Sie hilft auch dem Kunden, der den Hintergrund von seinem Schmuck wissen, und dabei einen Diamanten nach Maß kaufen will.

GESELLSCHAFT UND DEMOKRATIE

Starke Unterstützung für die Blockchain-Technologie findet sich im vor allem im Lager der Liberalen, der Anarchokapitalisten und der digitalen Bohème. Hier wird die Blockchain als Möglichkeit gesehen, nicht nur die staatliche Bürokratie, sondern auch den Staat selbst und seine Institutionen auf ein Minimalmaß zu verschlanken. Die Blockchain soll – neben einer deutlichen Optimierung der öffentlichen Verwaltung – auch als Instrument zur politischen Entscheidungsfindung und Partizipation dienen. Insbesondere Theorien, die sich auf die Konzeption der freien Märkte stützen und eine staatliche Einmischung weitestgehend ablehnen, korrespondieren hervorragend mit der Logik der Blockchain.

Am deutlichsten zeigt sich dies bei digitalen Währungen, wie etwa Bitcoin. Diese unterliegen keinerlei staatlichen Kontrollen und keiner behördlichen Regulierung, sind weitestgehend anonym und dezentral organisiert. Kein Staat und keine Notenbank mischt sich in das Marktgeschehen ein, einzig Angebot und Nachfrage bestimmen die Richtung – ein Traum für jeden orthodoxen Marktliberalen.

Auch wenn viele dieser neoliberalen Theorien, wie z. B. die Chicagoer Schule (Milton Friedman) oder die Österreichische Schule (Friedrich von Hayek), mehrere Jahrzehnte alt sind, könnten sie durch die Blockchain eine Renaissance erfahren. Schließlich hat die Umsetzung dieser neoliberalen Konzepte, in Form einer von Ronald Reagan und Margaret Thatcher losgetretenen Marktliberalisierung und Deregulierung in den achtziger Jahren viele Gegner hervorgebracht.

Trotz der liberalen und nicht-staatlichen Konzeption der Blockchain wäre es vermessen anzunehmen, dass die Blockchain eine technologische Antithese zum bestehenden Staatssystem darstellt. Ob die Blockchain-Technologie genutzt wird, um den Staat zu schwächen oder zu stärken, hängt einzig und allein vom Willen der Menschen, und nicht wie teils angenommen von der Technologie selbst, ab. Schließlich können Staaten und Regierungen die Blockchain dazu nutzen, eine transparentere Politik zu machen, in der die Zivilgesellschaft und andere Akteure die Möglichkeit bekommen, mit Hilfe der Blockchain stärker am Politikgeschehen zu partizipieren – wie zuvor am Beispiel *e-Estonia* dargestellt. Zudem kann die Blockchain, in der Funktion eines transparenten Registers, der Demokratie zur neuen Legitimation verhelfen, indem sie nicht-staatlichen Akteuren ein neues Kontrollinstrument an die Hand gibt. Anstatt den Staat abzuschaffen, kann die Blockchain dazu genutzt werden, staatliche Institutionen zu verbessern und die Demokratie zu fördern.

Aus diesem Grund, und natürlich auch um Kosten zu sparen, arbeiten bereits viele Staaten und Behörden an der Implementierung von Blockchain-Anwendungen. Erste konkrete Umsetzungen in der öffentlichen Verwaltung gibt es bei der Erfassung und Registrierung, wo die

Blockchain als eine sichere und transparente Datenbank genutzt wird, um z. B. die bereits genannten Grundbucheintragungen vorzunehmen. Dadurch können Manipulation, Korruption, menschliche Fehler und Kosten, die durch einen hohen bürokratischen Aufwand verursacht werden, reduziert werden. Folglich kann das Vertrauen der Bevölkerung in ihre Institutionen erhöht werden, insbesondere in den Ländern, die nur über schlecht ausgebaute Institutionen verfügen.

Ein Paradebeispiel in Sachen digitaler Offenheit ist die Verwaltung Estlands. Die dortige Regierung ist sehr digitalaffin und gilt als weltweites Vorbild im Bereich des E-Government. Mithilfe einer elektronischen ID-Card, in der praktisch alle personenbezogenen Daten abgespeichert sind, haben die Menschen Zugang zu sämtlichen, behördlichen Dienstleistungen. Egal ob es um die Beantragung von Formularen oder das Zahlen von Steuern geht – fast alle Prozesse werden in Estland digital erfasst und verwaltet. Damit bietet Estland die optimale Infrastruktur, um in den nächsten Jahren verstärkt Blockchain-Anwendungen in ihre elektronische Verwaltung zu integrieren.

Des Weiteren besteht durch die Blockchain die Möglichkeit, sämtliche persönliche Dokumente, wie z. B. Führerschein, Heiratsurkunde oder Besitzurkunden, in einem blockchainbasierten Netzwerk abzulegen und mit behördlichen Dienstleistungen zu verbinden. Der zeitaufwändige und ineffiziente Spießrutenlauf zwischen einzelnen Behörden und Ämtern könnte damit beendet werden. Gleichzeitig würden die Menschen die Kontrolle über ihre Daten behalten, da über ein Blockchain-Register nachverfolgt werden kann, wer auf die persönlichen Informationen Zugriff hatte. Die Kosten, vor allem Personalkosten, in der Verwaltung könnten enorm gesenkt werden. Auch die Verifizierung von Dokumenten könnte durch das Blockchain-Netzwerk vollautomatisch abgewickelt werden. Zudem würde das Ausfüllen von Formularen deutlich beschleunigt werden, da die persönlichen Daten bereits in den Dokumenten enthalten wären.

Auch wenn die hier skizzierten Möglichkeiten viele Vorteile mit sich bringen würden, darf nicht vergessen werden, dass solch einer technologiegetriebenen Reform des Verwaltungsapparates massive Interessen, insbesondere personalpolitischer Natur, entgegenstehen. Die Umsetzung dieser Konzepte kann eher am politischen Willen als an der technischen Machbarkeit scheitern, zumal einige Personengruppen ein vitales Interesse haben, Transparenz nur bedingt zuzulassen. Die teils gewünschte Diskretion, bezogen auf vertrauliche Gespräche, Dokumente oder Verhandlungen, würde weiter eingeschränkt werden. Konsequent zu Ende gedacht bedeutet dies, dass jeder Bürger genau und in Echtzeit nachvollziehen kann, wofür der Staat, das Bundesland oder die Kommune Gelder ausgibt und investiert. Eine Verwaltung auf Basis der Blockchain bedeutet auch ein neues Verständnis von Verantwortung und Datenmanagement, nicht nur für den Staat, sondern auch für die Zivilbevölkerung und Unternehmen.

Des Weiteren kann auch ein Teil der kommunalen Budgethoheit auf die Zivilbevölkerung übertragen werden. So genannte Bürger- oder Beteiligungshaushalte ermöglichen durch einen deliberativen Entscheidungsprozess, an dem alle Bewohner des Ortes partizipieren können, eine transparente Entscheidung über einen Teil der Mittelverwendung des Haushaltes. Allein in Lateinamerika gibt es über 1000 Kommunen, die diese Form der direkten Demokratie institutionalisiert haben. Mithilfe der Blockchain können diese partizipativen Konzepte deutlich besser, effizienter und transparenter als bislang möglich umgesetzt werden. Schließlich ist die Blockchain-Technologie geradezu prädestiniert, um Gelder zu verwalten. Ein Bürgerhaushalt würde daher ähnlich wie eine blockchainbasierte Crowdfunding-Plattform, sprich eine Dezentrale Autonome Organisation (DAO) aufgebaut sein und funktionieren. Mithilfe der Blockchain bzw. einer DAO wäre es auch möglich, Bürgerhaushalte oder ähnliche Konzepte auf nationaler oder gar supra- und internationaler Ebene zu implementieren – ein organisatorischer und sicherheitstechnischer Aufwand, der ohne die Blockchain kaum denkbar wäre. Folglich könnte die Blockchain dazu beitragen, dass in Zukunft Modelle direkter Demokratie für alle Beteiligten attraktiver werden.

Insbesondere die EU, die mit dem Vorwurf mangelnder demokratischer Legitimierung zu kämpfen hat und von vielen Menschen in der EU immer kritischer gesehen wird, könnte die Blockchain nutzen, um neuen Rückhalt in der europäischen Bevölkerung zu gewinnen. Vielen Menschen fehlt der Bezug zur EU-Politik, da der Einfluss auf Entscheidungen, die auf supranationaler Ebene getroffen werden, von nicht gerade wenigen als sehr gering wahrgenommen wird. Mehr direkt-demokratische Elemente könnten dazu beitragen die mangelnde Identifikation mit der EU umzukehren. Allerdings wäre eine solche Umsetzung extrem komplex, da eine gemeinsame Lösung für Menschen aus 28 Nationen, unter Zustimmung aller 28 EU-Mitgliedsstaaten, gefunden werden müsste – eine organisatorische Mammutaufgabe.

Mithilfe der Blockchain wäre es möglich, jedem EU-Bürger eine digitale EU-Bürgerschaft auszustellen und ihn entsprechend in einer europäischen Blockchain zu registrieren. Eine solche digitale EU-Bürgerschaft würde es ihm ermöglichen, durch Wahlen und Abstimmungen an Entscheidungsprozessen teilzunehmen. Gegenwärtig ist dies nicht realisierbar, da solche direktdemokratischen Ansätze in der institutionellen Ausgestaltung der EU nicht vorgesehen sind. Allerdings gibt es keinen Grund, nicht an solchen theoretischen Überlegungen festzuhalten und diese einzufordern. Die Absicht dieser theoretischen Überlegungen besteht vor allem darin, dass die Blockchain Teil politischer Reformen sein kann. Folglich sollte die Blockchain von der EU, aber auch von Staaten und politischen Institutionen als Bestandteil möglicher Lösungen betrachtet werden. Insbesondere vor dem Hintergrund der Globalisierung und zunehmender internationaler Interdependenzen sind neue politische Organisationskonzepte und entsprechende technische Umsetzungen notwendig, um die gegenwärtigen und zukünftigen Herausforderungen erfolgreich zu meistern.

Wie oben bereits angemerkt, bietet sich die Blockchain, neben der Verwaltung von Geldern auch als Instrument zur Partizipation und Entscheidungsfindung an. Egal ob man sich älteren oder neueren demokratietheoretischen Konzepten wie deliberativer Demokratie oder Liquid Democracy widmet, bei allen steht eine möglichst gerechte Beteiligung aller Interessensgruppen, vor allem der Bürger, im Vordergrund. Mithilfe der Blockchain können bestehende Probleme dieser Diskursmodelle gelöst werden. Bislang lag neben der Organisation dieser Entscheidungsfindungsprozesse ein Problem in der Wahl bzw. Abstimmung von Entscheidungen. Durch die Kryptographie und dezentrale Struktur der Blockchain kann notwendiges Vertrauen, welches bislang oftmals fehlte, in die Entscheidungsprozesse integriert werden. Schließlich bauen neue Diskursmodelle wie etwa Liquid Democracy darauf auf, Abstimmungen zu bestimmten Sachverhalten online zu tätigen. Allerdings sind die E-Voting-Systeme, die bislang für solche Abstimmung genutzt werden, sehr fehlerbehaftet und zu unsicher, um eine stärkere Nutzung zu forcieren. Um flächendeckend und auch für wichtige Entscheidungen, z. B. Wahl eines bestimmten Amtes, valide Abstimmungen durchzuführen, bedarf es einer besonders sicheren Netzwerkinfrastruktur, die Manipulationsmöglichkeiten bzw. Wahlbetrug zweifelsfrei unterbindet.

Ein Blockchain-Lösungsansatz könnte so aussehen, dass jedem berechtigten Wähler ein Token ausgegeben wird, das für die Wahl eines präferierten Kandidaten genutzt werden kann. Jeder einzelne Wahlvorgang könnte dabei von der Blockchain aufgezeichnet und bestätigt werden, sodass unter anderem auf die Auszählung der Stimmzettel von Hand verzichtet werden kann. Die Gefahr menschlichen Fehlverhaltens, egal ob unbeabsichtigt oder mutwillig, könnte dadurch entsprechend reduziert werden. Inwiefern sich Blockchain-Voting in Zukunft durchsetzen kann, hängt neben den technischen Herausforderungen und dem politischen Willen auch von der Bereitschaft der Zivilbevölkerung ab, sich für neue digitale Konzepte zu öffnen.

Durch die Blockchain-Technologie ergeben sich viele Einsatzmöglichkeiten, um das Zusammenspiel von Politik und Gesellschaft zu verbessern und demokratische Prozesse zu stärken. Allerdings gehen von der Blockchain, genau wie vom Internet, auch Gefahren aus. Aus anfänglich gut gemeinten dezentralen und transparenten Lösungen können totalitäre Negativszenarien erwachsen. Falsch genutzt kann die Blockchain zur totalen Überwachung führen, die den Menschen jegliche Privatsphäre entzieht. Eine Pervertierung, die diametral dem eigentlichen Sinn der Blockchain gegenübersteht, nämlich die Privatsphäre vor dem Zugriff des Staates und der Unternehmen zu schützen und Zensur zu umgehen. Schließlich könnte die Blockchain dazu genutzt werden einen Cyber-Überwachungsstaat zu etablieren, der sämtliche Interaktionen seiner Bevölkerung auf der Blockchain registriert und kontrolliert – eine totale Überwachung, wie sie nur in einer Diktatur vorstellbar wäre.

Inwiefern ein Blockchain-Schreckensszenario eine reale Bedrohung darstellt, ist zum gegenwärtigen Zeitpunkt unmöglich vorherzusagen. Dennoch ist es wichtig, sich über mögliche Konsequenzen dieser neuen Technologie Gedanken zu machen, um gegebenenfalls rechtzeitig einzuschreiten. Schließlich ist die Blockchain-Technologie weder gut noch böse, sondern sie bietet lediglich einen technologischen Ansatz, um Ideen und Modelle umzusetzen. Dezentrale Lösungen und deliberative Demokratiekonzepte gab es schon lange vor der Blockchain, dennoch gab es immer das Problem, sie technisch darzustellen und eine Vertrauensbasis aufzubauen. Die Blockchain kann hier Abhilfe schaffen, indem sie vermeintliche Gedankenexperimente in die Realität umsetzt – gute wie schlechte.

ENTWICKLUNGSHILFE

In den Entwicklungsländern fehlt es oftmals an ausreichend funktionierenden und öffentlichen Steuerungseinheiten bzw. Institutionen. Gleichzeitig arbeitet ein Großteil der Bevölkerung, teils bis zu 80 %, im informellen Sektor. Der informelle Sektor – oder wie man umgangssprachlich im Deutschen sagen würde: der Schwarzmarkt – bildet die wirtschaftliche Grundlage ganzer Volkswirtschaften. Entsprechend findet keine zentrale staatliche Steuerung und Besteuerung statt. Die vermeintlich chaotischen Wirtschaftssysteme steuern sich endogen, sprich aus sich heraus, und werden nicht, wie Industrienationen, durch Institutionen und Behörden gelenkt. Es fehlt also praktisch überall an zentralen institutionellen Akteuren. An genau dieser Stelle machen sich dezentrale Strukturen bezahlt, da sie ein Interagieren innerhalb des Wirtschaftsnetzwerkes ermöglichen. Die Frage lautet also, welche Lösungen die Blockchain-Technologie diesen Ländern bieten kann.

Hier sind mehrere Anwendungsbereiche denkbar.

Das politische System in den Entwicklungsländern ist oftmals sehr instabil und hat mit Demokratie nur wenig zu tun. Die Korruption ist oftmals enorm und die Rekrutierung politischer Eliten hochgradig intransparent. So ist es z. B. zu bezweifeln, dass bei Wahlen, sofern es denn welche gibt, alles mit rechten Dingen zugeht. Würde man nun aber die Wahlen über eine Blockchain organisieren, sprich Blockchain-Voting betreiben, dann könnte das politische System von einem höheren Grad an transparenter Demokratie profitieren.

Ein weiteres Blockchain-Anwendungsbeispiel kann in der öffentlichen Verwaltung gefunden werden. Diese ist in Entwicklungsländern oft nur sehr schlecht ausgeprägt, was Effizienz anbelangt. Zudem herrscht oftmals viel Korruption, die neben den geringen Löhnen auch von mangelnder Transparenz und Qualität der Institutionen verursacht wird. Eine Optimierung auf Basis der Blockchain kann hier vor allem im Bereich der Registrierung getroffen werden. So könnten mithilfe der Blockchain Grundbucheinträge oder andere Arten der Registrierung vorgenommen werden. Bestechung und Vetternwirtschaft könnten durch eine Erhöhung der Transparenz und der kryptographischen Programmierung der Blockchain zurückgedrängt werden.

Prinzipiell ergeben sich überall dort Anwendungsbeispiele, wo es um die Verteilung und Erfassung von Ressourcen geht. Egal ob man Wählerstimmen erfasst, einen Hauskauf einträgt oder Rechenleistung für Anwendungen und Daten erwirbt – überall geht es um Schnittstellen und deren korrekte Erfassung. Diese Logik, insbesondere die der Registrierfunktion und die der Dezentralität der Blockchain, kann auf viele andere Bereiche übertragen werden.

Es können z. B. intelligente und dezentrale Stromsysteme (Smart Grids) mit Hilfe der Blockchain genutzt werden. Schließlich fehlt es in vielen Ländern an einer konstanten öffentlichen Stromversorgung, sodass die Menschen einen großen Teil des Stroms über benzinbetriebene Generatoren produzieren müssen. Ein blockchainbasiertes Stromnetzwerk, beispielsweise durch Solaranlagen, könnte dafür sorgen, dass sich ein dezentraler Strommarkt etabliert, vollkommen losgelöst von der ansonsten nur schlecht funktionierenden öffentlichen Stromversorgung.

Genauso wäre es auch denkbar, bei den Ressourcen Wasser und Gas eine Steuerung und Verteilung über die Blockchain vorzunehmen. Auch hier würden Entwicklungsländer im Vergleich zu Industrienationen überproportional profitieren, da die Leistung von Versorgungsbetrieben oftmals unzureichend ist.

Des Weiteren fehlt vielen Entwicklungsländern eine stabile Währung. Digitale Währungen können hier die nötige Stabilität für Unternehmen und Konsumenten gewährleisten, die durch die mangelnde Geldwertstabilität (primär Inflation) geraubt wird. Länder, die mit einer starken Abwertung der eigenen Landeswährung gegenüber anderen Währungen zu kämpfen haben, könnten durch die Nutzung digitaler Währungen ihren Import, zumindest in Teilen, auch in schweren Zeiten sicherstellen.

Zudem haben wie bereits erwähnt über 2,5 Milliarden Menschen auf der Welt keinen Zugang zu Bankdienstleistungen und verfügen über kein Bankkonto. Dies liegt neben geopolitischen Aspekten vor allem daran, dass Banken kaum ein Interesse an der ärmeren Hälfte der globalen Vermögenspyramide haben. Zudem sind die Zugangsvoraussetzungen, um ein Bankkonto zu führen und eine entsprechende Bonität aufzubauen, zu hoch für die meisten Menschen in den Entwicklungsländern. Schließlich verlangen die meisten Banken in den westlichen Industrieländern, neben einem Personalausweis mit Foto, auch einen Sozialversicherungsnachweis und Dokumente wie beispielsweise Gehaltsabrechnungen, um Wohnort und Bonität zu bestätigen. Für jemanden, der im informellen Sektor arbeitet, für Flüchtlinge oder für Frauen in streng islamischen Ländern, wo sie lediglich auf dem Personalausweis ihres Mannes eingetragen sind und über keinen eigenen Ausweis verfügen, ist das eine kaum zu nehmende Hürde.

Digitale Währungen wie Bitcoin könnten dafür sorgen, dass diese Zugangsbeschränkungen für viele Menschen in den Entwicklungsländern abgeschafft werden. Somit würde der Zugang zum globalen Handels- und Finanzmarkt einem größeren Teil der Weltbevölkerung zur Verfügung stehen. Schließlich kann es ohne Zugang zu Finanzdienstleistungen keine stabile wirtschaftliche Entwicklung und keine breite Verbesserung des Lebensstandards geben.

Entsprechend schwierig ist für viele Menschen in den Entwicklungsländern der Zugang zu Krediten, der neben der Möglichkeit Spareinlagen aufzubauen, eine Grundvoraussetzung für wirtschaftliche Inklusion darstellt. Über ein dezentrales Kreditsystem, das ggf. auch auf digitalen Währungen basiert, könnte den Menschen ein besserer Zugang zu (Mikro-)Krediten und Investitionen geboten werden. Dadurch hätten die Menschen die Möglichkeit Investitionen zu tätigen bzw. sich ein Geschäft aufzubauen.

Daran angelehnt könnte die Blockchain helfen eine digitale Bonität bzw. Finanzidentität aufzubauen, die losgelöst von der Beziehung zur Bank existiert. Durch eine digitale Identität, die auf der Blockchain aufbaut, kann den Menschen die Möglichkeit gegeben werden eine digitale Reputation zu entwickeln. So könnten beispielsweise Transaktionen und Kredite über die Blockchain zurückverfolgt und dadurch ein Kreditscoring, losgelöst von den Standards der Finanzinstitute, erstellt werden. Aus anfänglich kleinen Mikrokrediten könnten so immer größere werden, die dabei helfen können, sich selbst und anderen Menschen eine wirtschaftliche Zukunft aufzubauen.

Viele Familien in den ärmeren Ländern sind auf Zahlungen aus dem Ausland angewiesen. Oftmals arbeiten daher Familienangehörige im Ausland, um ihre Angehörigen im Heimatland finanziell zu unterstützen. Ohne ein

Bankkonto sind die Menschen auf Geldtransferinstitute, wie Western Union oder Money Gram, angewiesen. Für ihren Service, Geld von A nach B zu senden, verlangen die Finanzdienstleister Gebühren, die oftmals weit über 5 % der Überweisungssumme liegen. Durch Bitcoin und andere digitale Währungen könnte das Geschäftsmodell der Geldtransferinstitute durch ein verbraucherfreundlicheres ersetzt werden. Mithilfe neuer Blockchain-Finanzdienstleistungen würden die Menschen viel Geld und Zeit sparen können.

Auch für NGOs und Spendeninitiativen ergeben sich sinnvolle Möglichkeiten die Blockchain zu nutzen. Schließlich fließen mehrere Milliarden Euro in die Entwicklungshilfe und nicht wenig davon versickert in den Taschen korrupter Mittelsmänner oder fällt der Bürokratie zum Opfer. Eine effektive und gerechte Mittelverteilung ist obligatorisch, um wirtschaftliche Entwicklungshilfe zu ermöglichen. Zum einen kann durch die Blockchain die Anzahl an Mittelsmännern reduziert werden, was den Missbrauch deutlich einschränken würde. Die Gelder könnten somit, ohne Umwege, direkt zu den Adressaten gelangen und in der Blockchain verbucht werden. Zum anderen kann die Blockchain als transparentes Register für die Verwendung der Spenden und Hilfsgelder dienen. Regierungen, NGOs und sonstige Spendengeber könnten besser nachvollziehen, was mit ihren Geldern geschieht, und gegebenenfalls eingreifen. Theoretisch kann durch die Blockchain jeder gespendete Euro nachverfolgt werden, was dazu beitragen würde, die allgemeine Spendenbereitschaft zu erhöhen, da ein großes Interesse besteht zu wissen, wofür die Gelder eingesetzt werden. Auch könnten die Auswirkungen auf die Wirtschaft der Entwicklungsländer besser analysiert werden, um eine effizientere Förderung zu entwickeln.

Die Hilfsorganisation UNICEF hat bereits Interesse an der Blockchain-Technologie geäußert. Anwendungsmöglichkeiten sieht sie vor allem im Aufbau von Identitätsnachweisen, da nach einem Bericht von UNICEF über 200 Millionen Kinder unter fünf Jahren nicht bei ihrer Geburt registriert wurden. Korrespondierend dazu könnten, vor allem für Frauen und Kinder, eigene Konten eingerichtet werden, um diese gezielt zu unterstützen. Smart Contracts könnten in diesem Zusammenhang sicherstellen, dass Spendengelder z. B. nur für Nahrungsmittel oder Hygieneprodukte ausgegeben werden können.

Nicht nur für das Individuum würden Vorteile durch eine Implementierung von Blockchain-Technologien entstehen, sondern auch auf makroökonomischer Ebene könnten Entwicklungsländer profitieren.

Die Kontrolle an den Finanzmärkten haben die Länder, die in erster Linie über viel Kapital und Ressourcen verfügen. Entwicklungsländer mit wenig Kapital haben kaum Möglichkeiten das Finanzsystem zu gestalten und an den Finanzmärkten ihre Interessen durchzusetzen. Sie werden oftmals zum Spielball bzw. Spekulationsobjekt von angelsächsischen Investmentbanken und haben gleichzeitig kaum Mitbestimmungsrecht in der institutionellen Ausgestaltung von Rahmenbedingungen, die vor allem durch den IWF, die Weltbank und die nationalen Regierungen geprägt wird. Durch einen Strukturwandel des Finanzsystems vom klassischen Bankensystem hin zu einem dezentralen, auf der Blockchain-Technologie basierenden Finanzsystem, das digitale Währungen unterstützt, könnte ein Teil der Asymmetrie reduziert werden. Zwar würden sich dadurch die Kapitalverhältnisse nicht ändern, aber sehr wohl der Zugang zu Finanzdienstleistungen und die bisherige Abhängigkeit von westlich dominierenden Institutionen. Ein solches Szenario würde zu einem gewissen Teil zu einer globalen Demokratisierung des Finanzsystems beitragen. Die Monopolstellungen etablierter Finanzinstitutionen könnte durch eine strukturelle Umverteilung der Mitbestimmungsrechte auf viele dezentrale Einheiten aufgeteilt werden, bei denen die aktuell bestehende Exklusivität des Finanzsystems aufgehoben oder zumindest reduziert werden würde.

Natürlich handelt es sich hierbei um Vorschläge, die im hohem Maße von der technologischen Machbarkeit und dem politischen Willen der Regierungen und Institutionen abhängen. Eine entsprechende Umsetzung würde, wenn überhaupt, in den meisten Fällen noch einige Zeit dauern.

SOZIALE NETZWERKE

Waren vor einigen Jahren persönliche Daten nur ein Nebenprodukt von Geschäftsbeziehungen, so sind sie heute zu einer eigenen wertvollen Währung geworden. Viele Unternehmen, insbesondere aus der Digitalbranche, sehen Kundendaten als ihre wichtigste Ressource an. Schwergewichte wie Facebook und Google definieren ihr Geschäftsmodell und ihre hohe Marktkapitalisierung an den Aktienmärkten durch ihre Fähigkeit, unvorstellbar hohe Mengen an Daten von Nutzern abzurufen und zu analysieren. Die Auswertung von Kundendaten ist in das Zentrum der digitalen Industrie gerückt und ermöglicht ein ganz neues Geschäftsmodell. Wer es schafft, möglichst viele Kundendaten für sich zu gewinnen und effizient auszuwerten, kann in nur kürzester Zeit extrem reich werden – dies zeigt beispielsweise der schnelle Aufstieg von Facebook zu einem der wertvollsten Unternehmen. Die Nutzer dieser Plattformen oder

Dienste werden hingegen nicht am Gewinn beteiligt, obwohl jeder einzelne Nutzer die entsprechenden Ressourcen, sprich Daten, für den Gewinn der digitalen Unternehmen, liefert. Es erscheint sinnvoll, dass nach gerechteren Alternativen gesucht wird, die den Verbrauchern wieder die Kontrolle über ihre Daten zurückgeben und diese beim Veröffentlichen ihrer Daten finanziell kompensieren.

Um dies zu erreichen, kann die Blockchain genutzt werden, da sie neben einem autonomen Datenmanagement auch Smart Contracts für Bezahlvorgänge anbietet. Die Blockchain würde demnach die Daten vor dem Zugriff der reichen und mächtigen Konzerne aus dem Silicon Valley schützen und gleichzeitig jedem Einzelnen einen Anteil der Gewinne zurückgeben. Inwiefern dieses edle Motiv wirklich realisierbar ist, ist bislang nur sehr eingeschränkt denkbar.

Einen Versuch, das zu ändern, hat die erste Blockchain-Social-Media-Plattform „Steemit“ unternommen. Auf den ersten Blick wirkt Steemit wie eine Mischung aus Facebook und Reddit.

Hinter der Plattform stecken Daniel Larimer, Gründer von Bitshares, und Ned Scott, ein ehemaliger Finanzanalyst. Mit Steemit möchten sie den Menschen eine Möglichkeit bieten ihren eigenen Content zu kreieren, diesen zu bewerben oder anderen Content zu kommentieren, während sie dabei Geld verdienen.

Was einigen Usern Schwierigkeiten bereitet, sind die verschiedenen Darstellungsformen der Währung von Steemit. Auf der einen Seite erfüllt die digitale Währung Steem alle klassischen Funktionen, wie sie eine Währung bzw. digitale Währung, sprich Bitcoin und Co., bedient. Auf der anderen Seite kann Steemit aber auch für zwei verschiedene Arten von Smart Contracts eingesetzt werden, je nach individuellem Nutzen.

Der erste Smart Contract nennt sich Steem Power und zielt auf die Einflussmöglichkeiten eines Individuums in dem Steemit-Netzwerk ab. Steem Power stellt also Stimmpotential bzw. Votingpotential bereit, welches das Stimmgewicht eines einzelnen Teilnehmers auf Steemit definiert. Umso mehr Steem Power jemand besitzt, umso stärker zählt seine Stimme auf Steemit.

Der zweite Smart Contract nennt sich Steem Dollars. Dabei handelt es sich um eine Art Schuldverschreibung bzw. Schuldeninstrument, das dem Kapitalgeber 1 US-Dollar in Form von Steem, an einem bestimmten Zeitpunkt in der Zukunft, verspricht.

Es gibt zwei Möglichkeiten, um auf Steemit Steem zu verdienen. Die erste Möglichkeit besteht darin einen Blog Post zu schreiben. Erhält der Post Stimmen, steigt die Anzahl an Steem, die der Verfasser für sein Blog Post bekommt. Allerdings entspricht nicht jeder Vote auf der Plattform einem bestimmten Geldbetrag. Stattdessen hängt der Ertrag sowohl von der Anzahl der Stimmen als auch von der Steem Power hinter den jeweiligen Stimmen ab. Besitzt z. B. ein Nutzer 1.000 Steem Power und ein anderer 10.000 Steem Power, so ist es verständlich, dass letzterer entsprechend mehr Einfluss auf den Content anderer Nutzer hat. Dies hat dazu geführt, dass die Autoren sehr darum bemüht sind vor allem die größeren Halter von Steem Power (Whales) für sich zu gewinnen, um Upvotes zu generieren. Ein Vote von Larimer oder Scott würde den Wert eines Postings auf mehrere 100 US-Dollar anheben, da sehr viele den Post nachverfolgen würden.

Um diese Art des Votings zu unterstützen, gibt es Erträge in Form von Steem Power für die Unterstützung von hochwertigen Postings. Wenn ein Post erfolgreich ist, erhält man mehr Steem Power, als wenn dieser schlecht performt. Dies soll dazu anregen, dass nur für hochwertige Inhalte gestimmt wird. Des Weiteren ist nicht jeder Vote vom gleichen Account gleich viel wert. Werden viele verschiedene Inhalte gevotet, reduziert sich die Stärke bzw. Gewichtung eines jeden Votes in Abhängigkeit zu der Zeit, die zwischen den einzelnen Votes vergeht.

Soweit das grundlegende Funktionsprinzip von Steemit. Inwiefern Steemit es schafft. sich langfristig durchzusetzen und den Nutzern, bedingt durch Bezahlcontent und Datenautonomie, eine wirkliche Alternative zu bestehenden sozialen Netzwerken zu bieten, kann nicht seriös vorhergesagt werden.

Die Chance seinen publizierten Inhalt im Netz zu monetarisieren, ohne dabei die Daten an Großunternehmen weiterzugeben, ist unbestritten sehr reizvoll. Neben vielen euphorischen Stimmen gibt es aber auch scharfe Kritiker der Plattform. Der Hauptvorwurf liegt in der Verteilung der Steem Power, die zu 90 % im Besitz weniger Insider ist. Diese haben theoretisch die Möglichkeit, das soziale Netzwerk ähnlich wie ein Schneeballsystem auszunutzen und es nach ausreichender Selbstbereicherung gegen die Wand fahren zu lassen – ein Problem bzw. Vorwurf, mit dem viele Blockchain-Anwendungen zu kämpfen haben. Selbst bei Bitcoin sah es in der Entstehungsphase nicht anders aus, da der Erfinder, der das Pseudonym Satoshi Nakamoto nutzt, praktisch 100 % aller damals verfügbaren Bitcoins am Anfang besessen hat. Allerdings konnte sich durch das sogenannte Proof-of-Work-Konzept von Bitcoin eine Umverteilung über die Zeit einstellen. Nutzt eine Blockchain das Konzept von Proof-of-Work, dann muss zur Berechnung der Blöcke ein sehr hoher Aufwand betrieben werden. Dies führt dazu, dass immer höhere Hardwarekapazitäten und Energieaufwendungen benötigt werden, um die entsprechende Kryptowährung zu minen. Da eine einzelne Person oder Gruppe normalerweise nicht über die ausreichenden Kapazitäten verfügt langfristig als einziger Akteur Mining zu betreiben, findet eine Verteilung auf mehrere Investoren bzw. Betreiber von Mining statt.

Genau diese Möglichkeit besteht bei Steemit allerdings nicht, da hier das sogenannte Proof-of-Stake-Prinzip Anwendung findet. Die Erträge werden dabei nicht primär über die Miningaktivität generiert, sondern definieren sich über die Besitzverhältnisse der jeweiligen Währungshalter. Vereinfacht bedeutet dies, dass eine Umverteilung schwerer möglich ist, da nicht die Möglichkeit besteht, durch Mining die Besitzverhältnisse zu verändern. Entsprechend steht der Vorwurf im Raum, dass es sich um eine wenig faire Plattform handelt und entsprechende Risiken von Machtasymmetrien und Missbrauch vorhanden sind.

Wer nun Recht behält – die Befürworter oder die Gegner der neuen Blockchain-Social-Media-Plattform – wird die Zukunft zeigen müssen.

IMPLIKATIONEN FÜR DIE WELTWIRTSCHAFT

Nachdem die wichtigsten Anwendungen vorgestellt wurden, möchten wir nun versuchen, deren Einfluss auf die globale Wirtschaft zu untersuchen. Im Zentrum des durch die Blockchain ausgelösten Strukturwandels steht die Transformation von zentralen Steuerungseinheiten hin zu einem dezentralen Netzwerk. Viele Vorteile der Blockchain gehen auf das Konto einer stark reduzierten Inanspruchnahme von Intermediären. Dadurch entstehen nicht nur viele neue Anwendungsmöglichkeiten, sondern auch zahlreiche Optimierungen bestehender Prozesse und Rahmenbedingungen.

So können durch Peer-to-Peer-Verbindungen, also dem Auslassen von Vermittlern und zentralen Akteuren, deutliche Kostensenkungen und Geschwindigkeitserhöhungen erreicht werden. Zum einen können dadurch unnötige Vermittlergebühren umgangen werden und zum anderen können die Daten bzw. Informationen direkt und ohne Hindernis an den Adressaten gesendet werden, was die Abwicklungsgeschwindigkeit deutlich erhöht. Davon profitiert auch die eigene Privatsphäre, da das Sammeln von Daten und deren Missbrauch durch Dritte umgangen wird. In Zeiten, wo wir im Internet große Mengen persönlicher Daten weitergeben – man denke hier nur an Facebook und Google –, nimmt der Schutz unserer Daten eine immer wichtigere Rolle ein. Wenn wir nicht möchten, dass Staaten und Unternehmen immer mehr über unsere persönliche Identität erfahren und dadurch zusätzliche Macht über uns erhalten, sind alternative, autonome Konzepte auf Grundlage der Blockchain absolut erwägenswert. Korrespondierend zum Schutz unserer eigenen Privatsphäre nimmt auch der Schutz von IT-Systemen zu. Dies wiederum kann nicht nur Privatpersonen, sondern auch Staaten, Unternehmen und Organisationen helfen eine sichere IT-Infrastruktur aufzubauen, um sich vor Attacken von außen zu schützen. Gerade in sensiblen Bereichen, wie z. B. den Rechnersystemen einer Bank, nehmen Cyber- bzw. Hackerangriffe zu, indem versucht wird zentrale Schwachstellen im IT-System ausfindig zu machen. Das Umstellen auf dezentrale Strukturen kann dabei helfen, die Prozessanfälligkeit zu reduzieren und die Widerstandsfähigkeit zu erhöhen.

Ein weiterer positiver Effekt der Blockchain liegt in der Erhöhung der Effizienz und Produktivität. Die Anzahl an Vorgängen kann durch Umgehen von Intermediären reduziert und Ressourcen können gezielter eingesetzt werden. Als Folge dessen werden freie Kapazitäten besser ausgenutzt, sodass dem Problem der Verschwendung und der unnötigen Bereitstellung von Kapazitäten entgegengewirkt wird. Dies ist vor allem für Strom- und Energienetzwerke relevant. Gleichzeitig kann durch die zunehmende Automatisierung die Anzahl menschlicher Fehler reduziert werden.

Des Weiteren kann die Blockchain dabei helfen, Marktzugangsbeschränkungen zu reduzieren und folglich auch das Gründen von Unternehmen zu erleichtern. Das gilt insbesondere für Entwicklungsländer, wo die Barrieren ein Unternehmen zu gründen ungeheuer groß sein können. Durch das Automatisieren von Verwaltungsprozessen können bürokratische Ineffizienzen und Korruption reduziert werden. Zudem können Eigentumsverhältnisse durch ein Blockchain-Verzeichnis transparent registriert werden. Aber auch in entwickelten Industrienationen können Smart Contracts dafür sorgen Risiken, Rechtsunsicherheit und die Abhängigkeit von Dritten zu reduzieren. Vor allem jungen Unternehmen kann die Blockchain helfen, durch den Abbau von Barrieren und Transaktionskosten (z. B. Kosten der Anbahnung oder Informationsbeschaffung) einen besseren Marktzugang zu bekommen. Unter anderem könnten die Kosten für (Steuer-)Berater und Rechtsanwälte gesenkt werden, da ihr Einsatz immer seltener notwendig wäre. Gleichzeitig können Smart Contracts viele aufwändige administrative Tätigkeiten wie z. B. Auszahlungen oder Orderverbuchungen automatisieren. Auch können Startups die Blockchain und Smart Contracts nutzen, um Vertrauen gegenüber Kunden und Investoren aufzubauen, da die Risiken für alle Beteiligten reduziert werden können.

Neue Wirtschaftsmodelle wie die Sharing Economy oder neue, durch die Digitalisierung hervorgerufene Herausforderungen können sich ebenfalls die dezentrale Struktur der Blockchain zu Nutze machen. Schließlich ist ein Leitmotiv der Digitalisierung die Vernetzung von Menschen und Gegenständen. Umso besser die Vernetzung, umso effizienter kann ein Austausch zwischen Akteuren – egal ob Mensch oder Maschine – stattfinden. Aus diesem Grund finden sich auch viele, durch die Digitalisierung hervorgerufene, neue Begriffe mit dem Anfangswort „Smart". Der Begriff „Smart" soll in diesem Zusammenhang soviel wie „intelligent vernetzt" bedeuten und hat sich zu einem regelrechten Leitbegriff etabliert. Kaum ein Bereich in unserem heutigen Leben wird zukünftig ohne diese intelligente Vernetzung auskommen (Smart Home, Smart Mobility, Smart Grid, Smart Cities, Smart Contracts, Smartphone usw.). Alles wird mit allem vernetzt – Smartphones mit dem Backofen in der eigenen Küche oder unsere Autos mit dem Straßenverkehr. Um diesen Datenaustausch sicher und effizient zu gestalten, können Blockchain-Anwendungen, wie z. B. Smart Contracts in der Sharing Economy, helfen. Möchte ich mir beispielsweise eine Bohrmaschine vom Nachbarn ausleihen, so könnte dies juristisch und organisatorisch über einen Smart Contract geregelt werden, ein Aspekt des Internet of Things, auf den bei der Vorstellung von Slock.it kurz hingewiesen wurde. Die Blockchain liefert mit ihrer neuen, dezentralen Netzwerkinfrastruktur die Voraussetzung für die konsequente Umsetzung der Digitalisierung.

Insbesondere der Industriestandort Deutschland profitiert im Zuge der Industrie 4.0 von der Blockchain-Technologie. Im Rahmen der vierten industriellen Revolution findet eine Verzahnung der industriellen Produktion mit modernster Informations- und Kommunikationstechnik statt. Im Idealfall wird dadurch die gesamte vertikale und horizontale Wertschöpfungskette miteinander verknüpft, sodass immer mehr Vorgänge und Prozesse ohne den Menschen durchgeführt werden. Die Automatisierung der Produktion führt dazu, dass Maschinen untereinander kommunizieren und der Mensch aus dem reinen Produktionsgeschehen immer stärker herausgedrängt wird. Folgendes Beispielszenario soll veranschaulichen, wie die Blockchain-Technologie in der Industrie 4.0 eingesetzt werden kann.

Angenommen, es handelt sich um einen Automobilzulieferer, der Lenkachsen für Autos herstellt. Dieser ist wiederum von anderen Unternehmen abhängig, die die notwendigen Materialien und Einzelteile zur Produktion liefern. Anstatt nun jedes Mal manuell neue Materialien bei anderen Unternehmen nachzubestellen, könnten hier dezentrale Bestandsregister in die IT-Systeme der Produktionsmaschinen implementiert werden. Die Maschinen würden nicht nur innerhalb des Unternehmens miteinander kommunizieren, sondern auch über Unternehmensgrenzen hinweg bzw. mit der vor- oder nachgelagerten Wertschöpfungsstufe. Das Supply Chain Management würde vollkommen automatisiert werden, da die Maschinen bei Bedarf selbstständig neue Rohstoffe bei einem anderen Unternehmen nachbestellen könnten. Um dies zu realisieren, wären dezentrale Register mit hohen Sicherheitsstandards, wie sie die Blockchain bieten kann, notwendig. Zusätzlich wäre der Einsatz von Smart Contracts sinnvoll, da die Maschinenkommunikation Rechtsgeschäfte (z. B. Kauf von Rohstoffen) mitein-

schließen würde. Ein Smart Contract könnte in diesem Fall regeln, dass erst beim Eintreffen der Rohstoffe eine automatisierte Zahlung an das entsprechende Unternehmen ausgeführt wird.

Nachdem in den letzten Kapiteln über zahlreiche Anwendungsmöglichkeiten der Blockchain gesprochen wurde, haben wir eine wichtige Frage außer Acht gelassen. Wenn es die Blockchain ermöglicht, viele Geschäftsprozesse zu automatisieren und Intermediäre zu umgehen, was passiert dann mit den ganzen Arbeitsstellen? Ein Thema, das im Rahmen der Digitalisierung bereits für viel Gesprächsstoff sorgt. Es findet schon ohne die Blockchain eine starke Automatisierung und Digitalisierung ganzer Geschäftsbereiche statt, die zum Verlust zahlreicher Arbeitsplätze führt und auch zukünftig weiterführen wird. Dieser Trend kann durch die Blockchain noch weiter verstärkt werden. Zudem würden nicht nur einfache Tätigkeitsfelder wegfallen, sondern immer mehr Facharbeiterstellen von hochqualifizierten Menschen. Insbesondere die Bereiche Finanzdienstleistungen, Logistik, Controlling oder Verwaltung wären stark betroffen.

Andererseits entstehen durch neue Technologien immer wieder neue Jobs. Schließlich hat auch das Internet viele Jobs vernichtet, gleichzeitig aber auch viele neue geschaffen. Ob die fortschreitende Digitalisierung und die Implementierung der Blockchain mehr Jobs schaffen als vernichten wird, ist zu bezweifeln. Insbesondere in den entwickelten Industrienationen ist anzuzweifeln, dass die vielen, gut bezahlten Jobs, die zukünftig wegfallen werden, durch gleichviel genauso gut bezahlte Jobs ersetzt werden. Die Ideen, wie man mit Hilfe der Blockchain Arbeitsplätze und ganze Geschäftsbereiche einsparen kann, sind vielfältig vorhanden. Umgekehrt ist bislang noch nicht bekannt, wie die Blockchain in den Industrienationen zu mehr Jobs verhelfen kann.

Wie bei allen neuen Technologien muss viel dafür getan werden, dass die Vorteile, vor allem im sozialen Bereich, die Nachteile überwiegen. An dieser Stelle müssen gesellschaftspolitische Konzepte entwickelt werden, um die sozialen Verwerfungen abzufedern. Sollten langfristig immer mehr Menschen nicht mehr in der Lage sein ihr Auskommen selbst zu bestreiten, dann könnten Konzepte wie das bedingungslose Grundeinkommen helfen, eine Spaltung der Gesellschaft sowie Massenarmut zu verhindern. Die Verwaltung des bedingungslosen Grundeinkommens könnte sogar über Smart Contracts und eine DAO organisiert werden. Diese sozialen Herausforderungen zeigen, dass die Blockchain-Technologie nicht nur Vorteile in sich birgt, sondern auch sozioökonomische Gefahren.

GELD- UND WÄHRUNGSPOLITIK

Es sind nicht die Vorteile der digitalen Währungen, sondern die Probleme der globalen Finanz- und Notenbankpolitik, die zum Erfolg von Bitcoin und Co. entscheidend beitragen.

Die Schulden in den westlichen Industrienationen sind so hoch wie nie und gleichzeitig sind sämtliche seriösen Instrumente der Notenbanken aufgebraucht. Angesichts der Schuldenstände ist spätestens seit der Griechenlandkrise jedem klar, dass ohne einen Schuldenschnitt praktisch keine andere Notenbankpolitik außer einer hochriskanten und maximal expansiven möglich ist. Die Gefahr, die dabei von einer derartigen Notenbankpolitik ausgeht, ist keineswegs zu unterschätzen.

Nachdem der Ankauf von Staatsanleihen nicht die erhoffte Wirkung gebracht hat, werden nun von der Europäischen Zentralbank Unternehmensanleihen aufgekauft. Sollten die gewünschten Effekte ausbleiben, womit zu rechnen ist, wird bereits von der EZB erwägt auch Aktien anzukaufen. In Japan ist dieses Szenario bereits Realität. Dort ist die Zentralbank einer der größten Aktionäre im Börsenindex Nikkei. Die Folge ist eine Verstaatlichung von Vermögenswerten und Unternehmen, die planwirtschaftliche Züge annimmt. Der Staat respektive die Notenbank wird zum bestimmenden Marktakteur, sodass fundamentale Analysen und Bewertungen anhand wirtschaftlicher Indikatoren in den Hintergrund treten. Die Gefahr einer Blasenbildung und von unkalkulierbaren Preisverzerrungen an den Märkten nimmt damit deutlich zu. Noch dramatischer als die Gefahren dieser Politik sind die Auswirkungen auf das Vertrauen gegenüber der europäischen Währung, dem Euro. Wenn nun unsere Währungshüter, bedingt durch wirtschaftliche und finanzpolitische Instabilität, von den Staaten dazu gedrängt werden, jede makroökonomische Seriosität über Bord zu werfen, dann geht dies mit einem massiven Vertrauensverlust gegenüber der europäischen Gemeinschaftswährung einher. Aber auch die japanische und amerikanische Notenbank haben längst eine stabilitätsorientierte Notenbankpolitik aufgegeben.

Was ist die Konsequenz dieser globalen Abwertungsspirale?

Unternehmen, Investoren und private Haushalte suchen nach vertrauenswürdigen Alternativen. Dies können zum einen Staaten mit einer soliden Finanz-und Notenbankpolitik sein oder aber, viel entscheidender, politisch und staatlich unabhängige Werte wie Gold, Edelmetalle oder eben Bitcoin.

Die Unabhängigkeit von politischen und wirtschaftlichen Krisen – der Brexit ist das beste aktuelle Beispiel – ist die entscheidende Stärke der digitalen Währungen. Die Flucht in digitale Währungen zeigt sich in der positiven Korrelation zu Krisen. Nach dem Brexit-Votum stieg der Bitcoin-Kurs signifikant, weitere Beispiele gibt es zuhauf.

Folglich können digitale Währungen dazu beitragen unser Wirtschaftssystem zu stabilisieren, da insbesondere in Krisenzeiten Bitcoin und Co. als flexible Alternativen dafür sorgen können, den wirtschaftlichen Austausch sicherzustellen.

So hätten beispielsweise die wirtschaftlichen und sozialen Verwerfungen in Griechenland in der Zeit, als das Bankensystem zum Erliegen gekommen ist, durch digitale Währungen abgemildert werden können. Dadurch, dass in dieser Krisenzeit das Bargeld rationiert wurde, kam es zu enormen Entbehrungen bei Händlern und Verbrauchern. Hätte es zu diesem Zeitpunkt eine ausgebaute Bitcoin-Infrastruktur gegeben, wäre dies in diesem Maße wahrscheinlich nicht passiert.

Ein anderes Beispiel stellen Argentinien, Venezuela oder weitere südamerikanische Länder dar, die oftmals mit hoher Inflation zu kämpfen haben. Digitale Währungen können hier die nötige Stabilität für Unternehmen und Konsumenten gewährleisten, die durch die Inflation geraubt wird. Länder, die mit einer starken Abwertung der eigenen Landeswährung gegenüber anderen Währungen zu ringen haben, könnten durch die Nutzung digitaler Währungen ihren Import, zumindest in Teilen, auch in schweren Zeiten sicherstellen.

Paradoxerweise könnten die Stabilität und antiinflationäre Konzeption von Bitcoin und anderen digitalen Währungen gerade den Staaten ein Dorn im Auge sein, die mit starker Inflation zu kämpfen haben. Schließlich erheben diese Staaten eine sogenannte Inflationssteuer (Seignorage) durch Ausweitung der Geldmenge. Die so erzeugte Inflation führt am Ende zu erhöhten Steuereinnahmen. Vor allem Staaten, die große Teile ihres Staatshaushalts über Seigniorage finanzieren, also Länder mit überdurchschnittlich hohen Inflationsraten wie z. B. Bolivien, Ecuador, Bangladesch und Vietnam – die übrigens schon allesamt Bitcoins in ihrem Einflussbereich verboten haben – könnten mit digitalen Zahlungsmitteln ein großes Problem bekommen. Denn nachdem sich die Leitwährung der „Kryptowelt" als eine wahre Alternative zu Gold etabliert hat, besteht für die Bevölkerung die Möglichkeit, das klassische Seigniorage zu umgehen. Die Anonymität und die hohe Netzwerksicherheit der Blockchain-Technologie machen es möglich und Kapitalverkehrskontrollen werden durch die Schaffung von digitalen Werten wirkungslos. Folglich besteht hier ein Interessenskonflikt zwischen den Profiteuren der Inflation (Staaten) und den Verlierern (Zivilbevölkerung und teils Unternehmen).

Das Problem für die westlichen Notenbanken mit Kryptowährungen könnte demnach anders gelagert sein, als es für Staaten mit traditionell hohen Inflationsraten der Fall ist. Mit der Verbreitung von direkten und sicheren Peer-to-Peer-Anwendungen wird ein belastbares Netzwerk geschaffen, das den Intermediär beseitigt. Im Falle von Geldtransfers und Zahlungsabwicklungen ist es in der Regel ein Finanzdienstleistungsinstitut oder eine Bank, die durch die Anwendung der Blockchain-Technologie ersetzt wird. Für sich genommen ist dieser Prozess höchst effizient, denn die Kosten- und Aufwandsersparnis für den Anwender dieser Technologie ist signifikant. Jedoch für die nationalen Währungshüter könnte der Kontrollverlust, der mit dem Wegfall des Intermediär einhergeht, fundamental sein. Zum einen gehen wichtige Informationen, die für eine gute diskretionäre Geldmengensteuerung in einer komplexen Welt notwendig sind, verloren. Wenn Notenbanken aber nicht umfassend über die monetäre Lage in ihrem Hoheitsbereich informiert sind, dann könnten Fehlentscheidungen die Folge sein.

Ein gutes Beispiel dafür, dass die Notenbanken immer und zu jeder Zeit bestens informiert sein müssen, ist die Rezession, in die die US-Wirtschaft 1982 rutschte. Damals wurde die US-Ökonomie durch die unvorhergesehene und immer noch ungeklärte Verminderung der Umlaufgeschwindigkeit des Notenbankgeldes (in diesem Fall M1) in eine tiefe Rezession hineingezogen. Da die Umlaufgeschwindigkeit des Geldes in den sechziger und siebziger Jahren beständig wuchs, konnte keiner ahnen, dass sich dies plötzlich ändern sollte. Die US-Notenbank Fed war zu jener Zeit damit beschäftigt, die hohe Inflation zu bekämpfen und leitete eine restriktive Geldpolitik ein. Hätte sie gewusst, dass die Umlaufgeschwindigkeit des Geldes deutlich sinkt, dann hätte die US-Notenbank wahrscheinlich ihre anti-inflationäre Politik nicht aufgelegt, denn eine sinkende Umlaufgeschwindigkeit des Geldes wirkt per se wie eine restriktive Geldpolitik. Das Resultat war eine der tiefsten US-Rezessionen nach der großen Depression der dreißiger Jahre. Heutzutage wäre die Fed wahrscheinlich besser für solch einen Fall gerüstet. Aber das Beispiel zeigt, wie wichtig es für Notenbanken ist, das gesamte Bild zu sehen.

Auch der monetäre Transmissionsmechanismus könnte erheblich durch die Verbreitung und Anwendung von digitalen Währungen gestört werden. Der monetäre Transmissionsmechanismus ermöglicht der Notenbank, dem Wirtschaftsverkehr Geld zu entziehen oder es hineinzupumpen. Dafür braucht eine Zentralbank einen Transmissionskanal. In einem Fiat-Geldsystem ist dies zumeist ein Oligopol aus Finanzdienstleistern und Banken. Wenn Gläubiger und Schuldner in unserem vorherrschenden Geldsystem so gut wie nie direkt aufeinandertreffen, dann können die Vertragskonditionen für Kredite aller Art von dem Intermediär und damit der Notenbank, bei der sich der Intermediär refinanziert, vorgegeben werden. In einer Welt mit weit verbreiteten Peer-to-Peer-Anwendungen könnte der monetäre Transmissionsmechanismus in seiner Wirksamkeit stark beeinträchtigt werden, da es keine Möglichkeit mehr für die Notenbank gibt, über den Zinssatz Einfluss auf den Preis von Geld auszuüben. Spinnt man das Rad konsequent weiter, dann könnten die nationalen Notenbanken von den Kryptowährungsanwendern entmachtet werden. Jedoch stellt sich in diesem Zusammenhang die Frage, ob und welche Kryptowährungen in Zukunft das Zeug dazu haben, den Status und die Akzeptanz eines globalen Zahlungsmittels zu erreichen. Und was würde das für die globale Wohlstandsverteilung in der Zukunft bedeuten?

Digitale Währungen sollten von Staaten nicht bekämpft, sondern als Anker der Stabilität angesehen werden. Insbesondere Länder, die zu einer instabilen und inflationären Währungs- und Geldpolitik neigen, sollten überlegen, ob es nicht vielleicht sinnvoller wäre, trotz Einbuße der Inflationssteuer, „zweigleisig“ zu fahren.

Durch die Wahlmöglichkeit, die Konsumenten und Kaufleuten dadurch gegeben wird, besteht ein Anreiz für die staatlichen Währungen bzw. die Notenbanken, eine vertrauenswürdige Alternative zu den digitalen Währungen darzustellen. Dieser Wettbewerb könnte dazu führen, dass Notenbanken wieder stärker dazu gezwungen werden eine stabile Notenbankpolitik zu verfolgen. Korrespondierend dazu werden Staaten stärker dazu gedrängt notwendige Reformen vorzunehmen, da die Notenbanken aufgrund des gestiegenen Wettbewerbsdrucks nicht mehr allen Wünschen des Staates, trotz ihrer teils vermeintlichen Unabhängigkeit, nachkommen können.

Eine solche Koexistenz, oder eben auch Konkurrenz, würde bedeuten, dass der Staat proaktiv den Ausbau notwendiger digitaler Infrastrukturen vornimmt, rechtliche Rahmenbedingungen zur Akzeptanz von digitalen Währungen schafft und diese an die Bevölkerung, Institutionen und Unternehmen deutlich kommuniziert.

Neben der binnenwirtschaftlichen Stabilität können Staaten durch Berücksichtigung digitaler Währungen zusätzlichen Handlungsspielraum an den internationalen Finanzmärkten gewinnen. Aufgrund des aktuell niedrigen Ölpreises bieten sich vor allem Russland und die Arabischen Emirate als Beispiel an. Diese verbrennen zurzeit enorme Summen an Währungsreserven, um ihren Staatshaushalt zu finanzieren, da die Einnahmen aus Öl und Gas massiv eingebrochen sind. Diese Situation führt gleichzeitig zur Schwächung der eigenen Währung. Entsprechend hart trifft es dann einen Staat, wenn er dazu gezwungen ist, eingebrochene Einnahmen durch den Verkauf einer immer weniger werthaltigen (bezogen auf den Außenwert) Währung zu kompensieren. Dies gilt vor allem für die Bedienung von Verbindlichkeiten in einer ausländischen Währung. Schließlich sind viele Staaten dazu gezwungen Anleihezinsen in US-Dollar zurückzuzahlen. Bei einem starken Außenwert der eigenen Währung und einem entsprechend günstigen Wechselkurs ist dies kein Problem, umgekehrt hingegen schon. Würde der Staat nun einen Teil seiner Währungsreserven in Bitcoin parken, so könnte er sich den im

Zweifel besseren Bitcoin-/USD-Wechselkurs zu Nutze machen.

Natürlich gibt es zu dieser Hypothese auch das Gegenargument, dass eine wie oben vorgeschlagene Akzeptanz von Bitcoin die Abwertung der eigenen Währung nur noch verstärken würde. Es ist sicherlich richtig, dass in Krisenzeiten private Haushalte und Unternehmen die Möglichkeit in Bitcoin zu flüchten stärker nutzen würden und damit die Schwächung der eigenen Währung weiter vorantreiben würden. An dieser Argumentation ist soweit auch nichts auszusetzen. Allerdings sollte immer die Frage gestellt werden, wie die maximale wirtschaftliche Wohlfahrt bzw. die maximale wirtschaftliche Wettbewerbsfähigkeit erhalten bleiben kann. Entsprechend dieser Annahmen kann es daher durchaus sinnvoll sein, unter Abwägung der Alternativen, eine Schwächung der eigenen Währung, bedingt durch eine Verlagerung auf Bitcoin, in Kauf zu nehmen.

KAPITEL 7 BLOCKCHAIN & FINANZEN

DIGITALE WÄHRUNGEN

Alle digitalen Währungen wie beispielsweise Bitcoin basieren auf der Blockchain, das heißt: Jede Transaktion wird vom Initiator an das Netzwerk gesendet und stellt damit zunächst eine Anfrage dar, dass z. B. Bitcoins von einer bestimmten Adresse an eine andere gesendet werden sollen. Diese Nachricht wird verschlüsselt, mitunter der Grund dafür, dass Bitcoin auch als „Kryptowährung“ bezeichnet wird. Die verschlüsselte Nachricht ergibt sich durch eine asymmetrische Verschlüsselung aus einer Kombination von privatem und öffentlichem Schlüssel sowie den Transaktionsdaten. Nun liegt es in der Natur der Blockchain, dass diese Transaktion von anderen Teilnehmern des Netzwerks bestätigt werden muss.

Alle Transaktionen digitaler Währungen werden in sogenannte Blöcke zusammengefasst. Nun geht es an die Arbeit der Miner: Das sind alle Teilnehmer des Netzwerks, die sich selbst am Bitcoin-Mining beteiligen. Im Klartext lösen sie vereinfacht gesagt Rechenaufgaben, die auf Kryptographie beruhen. Dies passiert gewissermaßen mit vielen erfolglosen Versuchen. Hat der Miner, der übrigens ein Computer, ein spezielles Mining-Gerät oder sogar ein Handy sein kann, die Aufgabe gelöst, erhält er dafür eine Vergütung – den sogenannten Mining-Reward, der in Bitcoin oder einer anderen digitalen Währung ausgezahlt wird.

Die Rechenaufgaben sind relativ schwer, sodass ein Miner nicht oft einen korrekten Block findet. Aus diesem Grund wiederum schließen sich viele Miner zu sogenannten Mining-Pools zusammen und schürfen gemeinsam Bitcoins odere andere digitale Währungen: Sobald irgendein Teilnehmer einen Block gefunden hat, erhält er nicht etwa selbst die Vergütung dafür, sondern teilt den Verdienst unter allen Minern auf, die an der Berechnung beteiligt waren. Je mehr Rechenleistung ein Miner in den Pool eingespeist hat, desto höher fällt seine anteilige Vergütung aus.

Die Kryptowährung basiert einzig allein auf Mathematik und dem Vertrauen in das gesamte Netzwerk. Es funktioniert, solange die Mehrheit der Miner „auf der guten Seite" steht. Dann werden nur solche Transaktionen ausgeführt, die tatsächlich vom Sender abgeschickt wurden. Gelingt es jedoch einer Person, die 50-Prozent-Marke der gesamten Rechenleistung signifikant zu überschreiten, könnte sie diese Macht im negativen Sinne ausnutzen und Transaktionen bestätigen, die eigentlich nicht vom Sender initiiert worden sind.

Bitcoins sind von Natur aus deflationär aufgebaut, das bedeutet: Die sogenannte Mining-Difficulty regelt, wie schwer die „Rechenaufgaben" sind, die die Miner lösen müssen. Dementsprechend ist bei einer höheren Difficulty mehr Rechenleistung nötig, um einen Block zu finden. (Prinzipiell ist das Finden eines Blocks immer Glückssache, über einen langen Zeitraum nimmt man hingegen eine Normalverteilung an, sodass sich entsprechende Aussagen über die Difficulty treffen lassen.)

Nun ist es tendenziell so, dass die Difficulty steigt, wenn insgesamt mehr Rechenleistung in das Netzwerk eingespeist wird. Die Menge an Bitcoins ist mathematisch auf 21 Millionen Stück beschränkt und kann nicht überschritten werden. Die Difficulty sorgt unter anderem dafür, dass nicht morgen bereits alle Bitcoins produziert worden sind. Eine weitere Größe, die Einfluss auf die deflationäre Eigenschaft von Bitcoins hat, ist die Blockvergütung. Sie wird in unregelmäßigen Zeitabständen halbiert (das Blockhalving). Unter gleichen Bedingungen erreicht man damit eine Deflation, weil das Schürfen der Bitcoins vom einen auf den anderen Tag sehr viel schlechter vergütet wird.

Dieser kurze Überblick dient lediglich der Einführung in die Thematik von Bitcoin und anderen digitalen Währungen. Selbstverständlich ist dies nicht die einzige Form von Kryptowährung. Daneben existieren viele weitere digitale Währungen, die auf einem ähnlichen Prinzip basieren, sich allerdings hinsichtlich der maximalen Menge an Coins oder anderen Größen unterscheiden.

BANKING

Interessanterweise begannen mit dem ersten Bitcoin-Hype im Jahr 2014 genau diejenigen sich mit der Blockchain-Technik zu beschäftigen, gegen die diese Technologie eigentlich gerichtet war: die Banken und Zentralbanken.

Seither vergeht kaum ein Tag ohne eine Schlagzeile, in der Banken oder Finanzinstitutionen im Zusammenhang mit Blockchain genannt werden. Das Spektrum reicht von Konsortien internationaler Banken zur Erforschung der Blockchain-Technologie über Alleingänge vereinzelter Banken mit eigens für das Transfergeschäft entwickelten digitalen Währungen bzw. Token bis hin zur Integration von Menschen ohne jeglichen Zugriff auf ein Bankkonto durch die Blockchain-Technologie.

BANKING FÜR ALLE

Ein Drittel der Weltbevölkerung und somit jeder Dritte Bewohner unseres Planeten hat keinen Zugang zu Bankdienstleistungen. Rund 2,5 Milliarden Menschen haben aufgrund ihres geringen Einkommens oder aufgrund einer nicht flächendeckenden Banken-Banken-Infrastruktur keinerlei Möglichkeit ihr Geld auf einer Bank zu verwahren, zu sparen oder einen Kredit aufzunehmen. Am Stärksten betroffen sind Bewohner der Drittweltländer wie Äthiopien, Nicaragua, Bolivien oder Uganda. Auch in China haben nur etwa 63 % der Bevölkerung ein gültiges Bankkonto. In Indien oder Argentinien nimmt die Sache noch schlimmere Ausmaße an. Hier sind es gerade einmal 35 % bzw. 33 %.

Auch in Deutschland gibt es im heutigen Zeitalter rund eine halbe Millionen Menschen ohne jeglichen Zugriff auf ein Bankkonto.

Gezahlt oder gespart wird in den armen Regionen der Welt meist in Form von Viehzucht oder Ackerbau, was meist auch gut funktioniert, denn die Menschen kennen es nicht anders. Von der Liquidität einer Viehzucht oder eines Ackers mal ganz zu schweigen, birgt diese Zahlungs- bzw. Sparmethode ein großes Risiko in sich: Das Risiko, einen Verlust oder gar einen Totalverlust zu erleiden. Im Falle einer schlechten Ernte oder einer Epidemie verlieren die Menschen ihr gesamtes Erspartes. Auch werden die Tiere älter und versterben. Auch wenn die Menschen kein Bankkonto besitzen, so besitzen sie meist ein entschiedenes Kommunikationswerkzeug – ein Mobiltelefon. In Nicaragua leben 60 % der Bevölkerung unter der Armutsgrenze, aber 93 % der Menschen besitzen einen gültigen Mobilfunkvertrag – meist in Form einer Prepaid Karte. Weltweit gesehen sind es etwa 95 % der Menschen mit mindestens einem Mobiltelefon.

Ein Mobiltelefon in Verbindung mit der Blockchain könnte den Menschen Zugriff auf ein sicheres Transaktions- und und liquides Wertaufbewahrungsmedium geben und damit ein entscheidendes Stück mehr Sicherheit, Flexibilität und Lebensqualität. Menschen, die bis dato von der Wirtschaft ausgegrenzt wurden, können mit Hilfe der Blockchain-Technologie integriert werden, Gelder transferieren, sparen oder Kredite aufnehmen. Die damit verbundenen Gelder können wiederum in Bildung oder Existenzgründungen investiert werden. Die Weltwirtschaft würde durch eine Integration der sogenannten „Unbanked People" Zugriff auf einen Pool von menschlichem Kapital erhalten, wie es in der Geschichte noch nicht vorgekommen ist: Es geht um Milliarden potentieller Kunden, Geschäftsleute und Menschen, die an der Weltwirtschaft teilhaben wollen. Sollte sich das Vorhaben, an dem sich bereits viele Banken und Startups beteiligen, von Erfolg gekrönt sein, käme das einer Revolutionierung des Bankensektors nahe.

DER UTILITY SETTLEMENT COIN (USC)

Der Utility Settlement Coin (USC) ist eine digitale Währung wie Bitcoin, die Transaktionen unter Banken zukünftig schneller und effizienter machen soll. Der USC wurde von der Schweizer Bank UBS ins Leben gerufen. Die Bank forscht bereits seit März 2015 an einer alternativen Lösung zum bisherigen Transaktionssystem. Neben der Deutschen Bank wollen auch andere Geldinstitute wie die Santander, BNY Mellon und der Broker ICAP an dem Projekt teilnehmen. Spätestens 2018 soll eine marktfähige Version präsentiert werden.

Der USC soll eine schnellere, billigere und sicherere Alternative zum internationalen Settlement zwischen den Finanzinstituten bieten. Möchte eine Bank in Deutschland heute einer Bank in Griechenland Geld überweisen, werden hier zunächst die nationalen Notenbanken dazwischengeschaltet. Diese wiederum nutzen das TARGET2-System der Europäischen Zentralbank, um die

Transaktion zu tätigen. Mit Hilfe des USC soll der interne Bankenmarkt nun auf eine Blockchain umgestellt werden. Der Vorteil einer dezentralisierten Blockchain ist, dass es keiner vertrauenswürdigen dritten Partei bedarf, um Transaktionen zuverlässig, schnell und unveränderbar durchzuführen. Die Rolle der Zentralbanken würde somit beschnitten werden.

Diese soll nach den Vorstellungen des Konsortiums vielmehr wieder auf die einer Verwahrstelle für Zentralbankgeld zurückgeführt werden. Denn der USC soll im Gegensatz zu sonstigen digitalen Währungen keine abstrakte eigene Einheit darstellen und damit keine Parallelwährung sein. Vielmehr soll sie jeweils eins zu eins verschiedene staatliche Währungen wie Euro, Dollar und Franken repräsentieren. Einem Euro-USC würde auf der Blockchain somit stets ein Euro bei der Zentralbank gegenüberstehen. Der USC ähnelt damit dem heutigen elektronischen Geld. Er dient also nur als Abwicklungsinstrument. Zahlen wird man mit dem USC-Coin nicht und auch für die Privatkunden wird sich dadurch nichts ändern.

Damit könnte der USC einen Anlass bieten, virtuelle Währungen zukünftig unter ein regulatorisches Regime, vergleichbar mit dem heutigen Zahlungsdiensteaufsichtsgesetz (ZAG), zu stellen. Eine solche Regulierung würde Währungen wie Bitcoin, Litecoin und Monero am ehesten gerecht werden. Diese könnten jedoch nicht direkt in staatliches Geld konvertiert werden, wie es beispielsweise für den USC geplant ist. Allgemein werden sie aber als Ersatzwährungen genutzt. Insbesondere im internationalen Zahlungsverkehr sind virtuelle Währungen schneller, sicherer und kostengünstiger als der Transfer von staatlichem Geld.

R3-BLOCKCHAIN-KONSORTIUM

Überall auf der Welt erforschen Finanzinstitute die Möglichkeiten der Blockchain. Das wohl bekannteste Konsortium globaler Player ist R3CEV (kurz R3) Konsortium.

Hier haben sich seit 2015 insgesamt 54 große Finanzinstitutionen zusammengeschlossen, um gemeinsam an der Blockchain-Technologie zu forschen und mögliche Anwendungsbereiche für den Finanzsektor zu finden. Zu den Mitgliedern, darunter Banken, Börsen, Versicherungen und andere Finanzinstitutionen, gehören u. a die Banco Santander, Danske Bank, Intesa Sanpaolo, Natixis, Nomura, Northern Trust, OP Financial Group, Scotibank, Sumitomo Mitsui Banking Corp, US Bancorp, Westpac Banking Corporation, die BMO Financial Group, BM&F, China Merchant Bank, Thomson Reuters und eine der größten südafrikanischen Banken, die Abasa Bank.

Warum das Interesse der Banken und Finanzinstitutionen an der Blockchain so groß ist, dürfte offensichtlich sein: Schnelligkeit, Sicherheit, Flexibilität und Kosteneinsparung. Zudem können Banken oder andere Unternehmen mit Hilfe kryptographischer Verfahren Verfügungsrechte, die den Personen oder Institutionen digital verbrieft sind, eindeutig einem Rechteinhaber zuordnen und sie rechtssicher übertragen. Womöglich werden irgendwann Institutionen und teure Abwicklungsprozesse, die derzeit noch im Hintergrund von Bankgeschäften notwendig sind, obsolet.

Bisher werden für den nationalen und internationalen Geld- und Wertpapierverkehr große Zentralstellen wie etwa Clearinghäuser benötigt. Solche Stellen könnten künftig überflüssig werden. Banken, Börsen und Abwicklungshäuser suchen nach Möglichkeiten mit der

Blockchaintechnik ihre Abwicklungspraxis grundlegend neu zu aufzustellen.

R3 UND „CORDA“: EINE NEUE BLOCKCHAIN-TECHNOLOGIE?

Das R3-Konsortium hat bereits ein neues dezentrales Registersystem angekündigt, das einer Blockchain ähnelt, aber prinzipiell nicht mehr viel mit der ursprünglichen Technologie zu tun hat.

Die neue R3-Technologie namens „Corda“ soll auf Finanzinstitutionen und Banken zugeschnitten sein. Das Corda-Registersystem ist weit entfernt von dem uneingeschränkten Registersystem für Transaktionen, das durch Bitcoin bekannt wurde. Das System ähnelt einer Blockchain-Plattform, die einige typische Blockchain-Merkmale nutzt und andere wiederum verwirft. So schafft Corda zwar einen Konsens zwischen den involvierten Parteien, lässt aber andere Parteien außen vor. Transaktionen werden nicht durch alle Knoten, sondern nur durch die beteiligten Parteien validiert. Wie andere Blockchains ermöglicht Corda einen Workflow ohne zentralen Administrator, lässt aber Raum für Beobachtungsknoten durch die Regulierer. Das Netzwerk verbindet juristische Dokumente mit Smart Contracts, eine eigentliche Kryptowährung ist hier nicht vorgesehen. Ob Corda noch eine Blockchain oder vielleicht etwas ganz Neues ist oder wird, bleibt abzuwarten.

WIE DIE BLOCKCHAIN CYBERANGRIFFE AUF BANKEN VERHINDERN KANN

Der klassische Bankraub, bei dem unter Androhung von Gewalt Bargeld entwendet wird, gehört immer stärker der Vergangenheit an. Stattdessen versuchen Hacker, in Form von Cyberangriffen, in das Netzwerk der Banken und sogar Zentralbanken einzudringen und Beträge in Millionenhöhe abzuheben.

Der größte Cyber-Bankraub der Geschichte, in Höhe von 951 Millionen US-Dollar, scheiterte nur aufgrund eines winzigen Tippfehlers (Empfängername wurde falsch geschrieben). Trotzdem konnten die Hacker 81 Millionen US-Dollar, von der Bank of Bangladesh (Zentralbank), erbeuten.

Nach Angaben der russischen IT-Sicherheitsfirma Kaspersky wurden weltweit durch Cyberattacken in den letzten zwei Jahren etwa 100 Finanzinstitute ausgeraubt, wobei der Schaden rund 1 Milliarde US-Dollar beträgt.

Banken und Hacker befinden sich in einem Wettlauf, den die Finanzinstitute nur allzu oft verlieren. Als Konsequenz hat die EZB eine Meldestelle für Cyberangriffe ins Leben gerufen.

Der Ablauf eines modernen Bankraubes

Digitale Banküberfälle, wie der bei der Zentralbank von Bangladesch, laufen in der Regel nach einem ähnlichen Muster ab:

1. Hacker suchen nach einer Schwachstelle im IT-System der Bank und verschaffen sich Zugriff.
2. Eine Schadsoftware wird installiert.
3. An der Schnittstelle zum SWIFT-System werden Zugangsdaten ausgelesen und eine Umgehung der Sicherheitsvorkehrungen wird eingebaut.
4. Am Tag des Bankraubs wird das Schadprogramm aktiv und weist die Transaktionen ordnungsgemäß über das SWIFT-Zahlungssystem an.
5. Um ein Auffliegen zu vermeiden, verschleiert bzw. manipuliert das Schadprogramm sämtliche Berichte

und Protokolle, sodass nur die Hacker Infos über die Transaktionen bekommen und genug Zeit haben das Geld beiseite zu schaffen.

Dass die Hacker immer öfter in der Lage sind, Schwachstellen im IT-System der Banken ausfindig zu machen, liegt unter anderem daran, dass deren Systeme oftmals veraltet sind und ihren Lebenszyklus teilweise schon überschritten haben. Zudem wird ein Großteil der verwendeten Anwendungen von externen Anbietern bereitgestellt, sodass eine Übersicht und Steuerung der eigenen IT-Sicherheit nur schwer möglich ist.

CYBERANGRIFFE MIT HILFE DER BLOCKCHAIN VERMEIDEN

Die gegenwärtigen Vorfälle bezüglich der IT-Sicherheit von Banken lassen die Frage aufkommen, ob nicht neue, dezentrale IT-Lösungen, auf Basis der Blockchain, sinnvoll wären. Schließlich scheinen die aktuellen IT-Standards der Banken nicht mehr auszureichen, um für die Sicherheit der Bankeinlagen zu sorgen und Angriffe auf das zentrale Bankennetzwerk zu unterbinden.

Würde man sich die Logik der Blockchain zu Nutze machen, so könnte man die Gefahr, dass ein einzelner Computer durch Infizierung mit Schadsoftware die gesamte Transaktions-Infrastruktur einer Bank oder eines Bankennetzwerkes lahmlegt, umgehen. Würden die Überweisungen über eine Blockchain laufen, bestünde keine Gefahr, dass die IT-Systeme der Banken unterschiedliche Informationen bezüglich der Transaktionen, aufgrund eines Hackerangriffes, angeben würden. Die für die Transaktionen verantwortlichen IT-Systeme wären dezentral verbunden und kryptographisch abgesichert, sodass keine einzelne, zentrale Stelle im System die Möglichkeit hätte, den anderen IT-Systemen bzw. Teilnehmern etwas vorzugaukeln.

Wie die konkrete Umsetzung eines solchen neuen IT-Sicherheitssystems, auf Basis der Blockchain, aussehen kann, ist bislang eher ungewiss. Auch das genossenschaftliche Bankennetzwerk SWIFT, das den Transaktionsverkehr regelt, arbeitet bereits an dezentralen Lösungen zur Steigerung der IT-Sicherheit. Besonders hervorzuheben ist hierbei SWIFTs Vorhaben, eine „unverwechselbare Distributetd Ledger Technology (DLT) Plattform“ entwickeln zu wollen, die auf Anwendungen in der Finanzbranche abzielt. Die Entwicklung soll in Zusammenarbeit mit anderen Unternehmen aus der Branche erfolgen. Aktuelle Anwendungen der Finanzinstitutionen in den Bereichen Governance, Datenkontrolle, Compliance, Standards, Identität, Sicherheit, Skalierbarkeit und Vertrauen hinken im Allgemeinen stark hinterher und sind nicht mehr zeitgemäß.

FINANZMÄRKTE

Einer der potentiellen Use Cases für die Blockchain mit dem größten Interesse seitens verschiedener Regierungen, der Banken und Börsen sind Finanzmärkte. Bei den Finanzmärkten – seien es jetzt Geld-, Kredit-, Kapital- oder Devisenmärkte – handelt es sich um Märkte, in denen mit Kapital gehandelt wird.

Das Thema Finanzmärkte ist auf verschiedene Weise mit der Blockchain verknüpft. Die klassische Assoziation sind Bitcoin und Altcoin Exchanges, d. h. Börsen, auf denen mit Bitcoin und anderen digitalen Währungen gehandelt wird. Das bekannteste – und zugleich tragischste – Beispiel für eine solche Börse ist Mt. Gox: Diese Bitcoin-Börse wurde 2010 gegründet und wuchs derart, dass im Jahr 2013 ein Großteil der gesamten Bitcoin-Transaktionen auf Mt. Gox abgewickelt wurde. Im Jahr 2014 ist Mt. Gox Bankerott gegangen – laut Vertretern der Börse ist ein Großteil des anvertrauten Geldes gestohlen worden.

Auch wenn Mt. Gox die größte und bekannteste Börsenpleite im Sektor der digitalen Währungen darstellt, so ist es nicht die einzige gewesen. Erst in jüngster Zeit ereilte dasselbe Schicksal die Kryptobörse Cryptsy, auf der man viele digitale Währungen handeln konnte.

Dennoch blüht das Geschäft auf den Exchanges. Das hat verschiedene Gründe: Für viele Blockchain-Begeisterte ist das ein schneller Weg, mit Währungen zu handeln und mit etwas Geschick und einer gewissen Menge Glück dabei Profit zu machen. Generell sind Börsen wie Poloniex, Bittrex, Kraken, Bitfinex etc. die Orte, an denen man am schnellsten eine aufstrebende oder auf andere Weise interessante Kryptowährung kaufen kann.

Um sich gegen einen weiteren Fall wie Mt. Gox abzusichern, kann man sein in verschiedenen digitalen Währungen angelegtes Geld von der Börse nehmen und in eigene Wallets transferieren. Da dies oft recht aufwändig ist, wird die Nutzung dezentraler Exchanges wie Shapeshift oder Bitsquare immer populärer.

Dabei funktioniert Shape Shift wie folgt: Bei einem Umtausch des Geldes von Währung A nach Währung B benötigt man neben einem Wallet mit Währung A auch ein Ziel-Wallet in Währung B. Wenn nun der Wert in Währung B umgetauscht werden soll, zeigt Shape Shift dem Nutzer eine Adresse eines Wallets in Währung A, wohin das Geld transferiert werden soll. Innerhalb kürzester Zeit wird der entsprechende Wert in Währung B auf das Ziel-Wallet übertragen. Das alles funktioniert ohne Registrierung, ohne Login und ohne Passwort.

Shape Shift funktioniert auf der Homepage und ist als App für Android und Iphone verfügbar. Zusätzlich existiert mit jaxx ein Multi-Currency Wallet, in dem der Nutzer seine Bestände in Bitcoin, Ethereum, Ethereum Classic, DAO und DASH verwalten kann. Da für diese Währungen Wallets eingerichtet wurden, kann man in jaxx direkt zwischen den Währungen Geldwerte tauschen. Dieser Tauschprozess funktioniert mit Shape Shift.

Bitsquare ist ebenfalls ein dezentraler Exchange, der anders funktioniert: Bei Shape Shift bleibt der Tauschpartner unbekannt. Im Fall von Bitsquare ist der Tauschprozess deutlich persönlicher: Coins werden mit einer realen Person getauscht. Der Vorteil dabei ist, dass der ganze Prozess damit im Normalfall vollständig ohne einen Mittelsmann auskommt. Nur als Garantie gegen Betrüger von beiden Seiten kann ein Dritter seitens Bitsquare von einem Schlichtungsrecht Gebrauch machen. Dazu ist zu sagen, dass der Betrag in Bitcoin, der beispielsweise gegen Fiat getauscht werden soll, in einem Multi-Signature Wallet gespeichert ist. Ein Multi-Signature Wallet ist ein Wallet, das mehrere Private Keys zur Finalisierung einer Transaktion benötigt. Im Fall von Bitsquare hat man es mit einem Wallet, das zwei von drei Signaturen zur Transaktionsbestimmung benötigt, zu tun. Jeweils einer der Private Keys ist seitens des Käufers und des Verkäufers kontrollierbar, ein dritter von einem Schlichter. Dieser muss sich nur einschalten, wenn sich Käufer und Verkäufer nicht einig sind. Seine Entscheidung führt dann dazu, dass das Geld im Wallet an die Seite überwiesen wird, die aus Sicht des Schlichters im Recht ist.

Das Thema Finanzmärkte und Bitcoin ist jedoch viel größer als Börsen, auf denen mit Bitcoin gehandelt wird.

Wie am Kapitelanfang betont, ist es dieses Thema, das Staaten und große Banken hinsichtlich der Blockchain hellhörig werden lässt. Es ist ein Thema, dem sich das R3-Konsortium widmet und das in Thesenpapieren der amerikanischen und britischen Regierung ebenso diskutiert wird wie von hochrangigen Vertretern der Deutschen Bank. Viele sehen in der Blockchain die Zukunft der Finanzmärkte. Man erhofft sich dabei geringere Kosten durch optimierte Prozesse. Nachbörsliche Kosten machen jährlich bis zu 80 Mrd. Dollar weltweit aus. Der Börsenhandel ist von einer Unmenge an Verwaltungsschritten umsäumt, die garantieren wollen, dass ein Handel an einer bestimmten Börse auch im Rest der Welt akzeptiert wird.

Das könnte jedoch auch eine Blockchain liefern: In diesem dezentralen Ledger könnten Transaktionsdaten derart gespeichert werden, dass diese schnell, transparent und durch Dritte nicht umkehrbar festgeschrieben sein würden.

Ein Projekt, das sich diesem Thema widmet, ist SETL. Es ist noch in der frühen Entwicklungsphase, hat jedoch schon so viel Interesse geweckt, dass es im Rahmen eines Papers der britischen Regierung zum Thema Blockchain vorgestellt wurde. Anders als in der Bitcoin-Blockchain soll die SETL-Blockchain Public Keys von einer zertifizierten Autorität verifizieren lassen, wodurch die Erfüllung von „Know your Customer"- und Anti-Geldwäsche-Gesetzen gewährleistet wäre. Die Blockchain soll derart aufgebaut sein, dass sie tausende von Transaktionen pro Sekunde verarbeiten kann. Das ist in Anbetracht des Transaktionsvolumens auf den Finanzmärkten der Welt notwendig. Durch die hohe Verarbeitungsgeschwindigkeit und das Ablösen vieler regulatorischer Aufgaben, vor und nach dem eigentlichen Handelsprozess, soll durch SETL und andere Projekte im Bereich „Blockchain und Finanzmärkte“ der Welthandel einfacher, schneller und preiswerter werden.

Im Bereich der Finanzmärkte spricht man oft von der Distributed Ledger Technology (DLT) statt von der Blockchain. Ein Grund dafür ist, dass das Ledger, das Kontenbuch, im Finanzwesen eine zentrale Größe ist. Außerdem lassen sich auf Basis des Begriffs Ledger unterschiedliche Implementationen des Kontenbuches unterscheiden:

- Das *traditional ledger* beschreibt den bisherigen Zustand der Banken: ein Kontenbuch ist zentral an einer Stelle abgelegt und kann nur von einer zentralen Autorität freigegeben werden.
- Ein *permissioned private ledger* wäre eine Blockchain-Implementation, in der das Kontenbuch in mehreren Kopien vorliegt, jedoch die Nutzung dieser Kopien nur bestimmten Nutzergruppen möglich ist. Die im Buch schon erwähnte Idee des R3-Konsortiums namens Corda wäre ein solcher Fall.
- Ein *permissioned public ledger* ist für jeden Interessierten zugänglich, die Integrität des Netzwerkes wird aber von einer ausgewählten Gruppe Nutzer aufrechterhalten. Ripple wäre ein Beispiel für diese Implementation der Blockchain.
- Schließlich wäre das *unpermissioned public ledger* zu nennen, in dem jeder an der Integrität des Netzwerkes über Mining oder das Hosten einer Node mithelfen kann. Bitcoin, Ethereum und der Großteil der Kryptowährungen wären Beispiele für diese Art der Blockchain.

Noch ist viel in Entwicklung, was diese Ansätze zur Nutzung der Blockchain in den Finanzmärkten betrifft.

Dieses Thema trifft jedoch auf großes Interesse namhafter Player auf dem Markt: Seien es die Deutsche Bank, NASDAQ, Santander oder ING – sehr viele große klassische Finanzinstitutionen untersuchen Möglichkeiten, wie sie die Blockchain für ihre Zwecke nutzen können. Unbedingt zu erwähnen ist dabei das R3-Konsortium, ein Zusammenschluss von fünfzig Unternehmen aus dem Finanzsektor, die gemeinsam das weltweite Finanzwesen mithilfe der Blockchain revolutionieren wollen.

MIKRO- UND MAKROPAYMENTS

Vor einigen Monaten hat einer der größten Payment Provider der Welt, VISA, eine Kooperation mit einem Startup namens SatoshiPay begonnen. Letzteres hat ein System entwickelt, mit dem man auf Basis der Bitcoin-Blockchain Kleinsttransaktionen wie beispielsweise über fünf Cent tätigen kann. Dabei kann ein Nutzer ein Online-Wallet anonym mit Bitcoin versorgen, um damit Dinge, die hinter einer Paywall versteckt sind, bezahlen zu können.

In Zusammenarbeit mit SatoshiPay möchte VISA eine Möglichkeit schaffen, mit der ohne Notiz des Nutzers Kleinsttransaktionen auf der Blockchain durchgeführt werden können. Die Transaktion soll letztlich von einem über VISA aufladbaren Konto ausgeführt werden.

Die Entscheidung seitens VISA ist in Zeiten, in denen viele Banken, Payment-Provider und Regierungen zwar der Blockchain-Technologie aufgeschlossen gegenüberstehen, aber Bitcoin kritisch sehen, etwas Besonderes. Es ist eines der ersten großen Unternehmen, dass nicht einfach das Potential der Blockchain-Technologie erkannt hat, ihrer Überzeugung nach ist die schon bestehende Bitcoin-Blockchain im Rahmen von finanziellen Transaktionen das am meisten ausgearbeitete und getestete System. Ein neues zu entwickeln würde, wie man an der großen Menge an anderen Kryptowährungen sieht, gegebenenfalls vergebliche Mühe sein.

Was ist aus Sicht von VISA das Besondere an der Blockchain beziehungsweise Bitcoin? Wie an anderer Stelle dargestellt wurde, dauert zwar die Bestätigung einer Transaktion zehn Minuten – während Mastercard und VISA oft hunderte von Transaktionen pro Sekunde bearbeiten. Bei diesem Vergleich wird ignoriert, dass Bitcoin eine vollständig virtuelle Währung ist. Wenn man bedenkt, dass die klassischen Währungen weiterhin einen realen Gegenpart benötigen, ist Bitcoin eines der schnellsten und flexibelsten Zahlungssysteme weltweit. So sind nur in Bitcoin zwei Extremfälle von Transaktionen abbildbar, die in klassischen Währungssystemen oder bei Gold- und anderen Werttransfers zu Problemen führen: Sowohl sehr kleine als auch sehr große Transaktionen sind in klassischen Wertsystemen schwer und in Extremfällen überhaupt nicht abbildbar.

MAKROTRANSAKTIONEN

Überweisungen in Millionen-, Milliarden- oder gar Billionenhöhe sind, gerade wenn sie transatlantisch geschehen sollen, nicht trivial: Sicherlich könnte man einem Unternehmen Sicherheiten in einer gewissen Größe zusagen, jedoch wird dieses Unternehmen das Geld nicht sofort verfügbar haben – der reale Gegenwert ist schließlich noch am Ursprungsort. Geld oder Wertanlagen in dem großen Maße zu transferieren, ist jedoch ebenso kompliziert. Die Lieferung von Bargeld, Gold oder Öl ist bei derartigen Summen unmöglich, die vertragliche Überschreibung dieser Werte äußerst kompliziert und langwierig. Eine Sofortüberweisung dieser Größe ist in klassischen Zahlungssystemen deshalb unmöglich.

Anders stellt sich – zumindest prinzipiell – die Situation im Fall Bitcoin dar: Eine Transaktion eines bestimmten Wertes an Bitcoin folgt immer denselben Regeln, unabhängig davon, wie hoch der überwiesene Wert ist. Das Skript, das zur Überprüfung der Gültigkeit einer Transaktion verwendet wird, wurde im Kapitel „Scripts – Proto Smart Contracts in Bitcoin" vorgestellt. Letztlich muss der Sender vor allem im Besitz der zu überweisenden Coins sein. Ein Blick auf die größten Transaktionen auf der Blockchain zeigt, dass Überweisungen in Höhe von fast 500.000 BTC keine Seltenheit waren – was einem aktuellen Wert von 207 Millionen Euro entspricht.

Die Bitcoin-Blockchain ermöglicht, dass eine solche Transaktion sofort initiiert werden kann und nach ungefähr zehn Minuten eine erste Bestätigung erhält. Sicherlich muss man an dieser Stelle betonen, dass mit steigender Anzahl der Bestätigungen die Absicherung gegen einen Double Spend steigt, sodass bei derart hohen Summen der Zahlungsempfänger gut beraten ist, eine höhere Anzahl von Transaktionen abzuwarten, bevor er die empfangenen Bitcoins weiterverwendet. Der Zahlungsempfänger kann jedoch diese Anzahl selbst wählen – sollte er dem Zahlenden vertrauen, reicht es, eine Transaktionsbestätigung abzuwarten.

Eine Transaktionsbestätigung dauert ungefähr zehn Minuten. Wenn also ein Zahlungsempfänger bei einer derart hohen Summe zehn Bestätigungen abwarten möchte, muss er im Durchschnitt nur hundert Minuten abwarten, um zu wissen, dass diese Transaktion selbst in Extremfällen (d. h. wenn ein Angreifer 25 % von der Hashingpower der Miner besitzt) so gut wie unumkehrbar ist.

MIKROTRANSAKTIONEN

Aktuell stehen Content-Provider vor einem Dilemma: Allein um die Instandhaltungskosten für ihre Webseiten tragen zu können, sind sie auf Werbeeinnahmen angewiesen. Auf der anderen Seite stehen viele Konsumenten Werbung in digitalen Medien kritisch gegenüber: Sie lenkt oft vom Lesefluss ab und versucht über Cookies mehr über die Konsumenten zu erfahren und entsprechend angepasste Werbung anzuzeigen. Es ist vollkommen verständlich, dass auf einem signifikanten Teil der Browser Adblocker aktiviert sind.

Auch wenn es über Affiliate-Marketing, Spenden oder Patenschaften auf beispielsweise Patreon, einer Crowdfunding-Plattform, in der Künstler mit regelmäßigen Zahlungen unterstützt werden können, andere Einkommensströme gibt, werfen diese nicht genug ab, um den durch Adblocker verursachten Verlust wieder auszugleichen. Verschiedene große Contentanbieter wie beispielsweise Wall Street Journal oder New York Times versuchen sich zu behelfen, indem sie elektronische Abonnements anbieten. In der Hinsicht steht dann ein großer Teil des angebotenen Contents hinter einer pauschalen Paywall – letztlich einem Premium-Zugang.

So verständlich dieser Paywall-Ansatz ist, steht er dennoch vollkommen im Gegensatz zum Leseverhalten im Netz. Der typische Konsument von Web-Content in Form von Blogposts oder Ähnlichem liest keine ganze Zeitung durch, sondern durchstöbert viele Contentanbieter nach interessanten Artikeln. Konkret würde das bedeuten, dass ein Mensch, der teilweise an Artikeln vom Wall Street Journal, der New York Times und der Financial Times interessiert ist, für die jeweiligen Premium-Zugänge zehn bis dreißig Euro monatlich zahlen müsste. Leser davon zu überzeugen, derart hohe Beträge für Artikel, die sie kaum lesen, zu zahlen, dürfte schwer sein.

Ein alternativer Ansatz ist, dass Konsumenten pro Artikel zahlen müssen. Wenn man die zehn bis dreißig Euro monatlich durch die Anzahl der in dem Monat veröffentlichten Artikel teilt, ist jeder Betrag nur zwischen ein paar Cent und einem Euro groß, abhängig vom Content-Provider.

Gerade im ersteren Fall stellt sich jedoch die Frage, wie solche Finanztransaktionen sinnvoll durchgeführt werden sollen. In klassischen Zahlungssystemen, beispielsweise über Kreditkarte, sind die Gebühren derart hoch, dass sich das Modell nicht rentieren würde. Zwar ließe sich überlegen, die Zahlungen einer einzelnen Person so lange zu akkumulieren, bis ein ausstehender Betrag erreicht würde, der trotz anfallender Gebühren profitabel wäre. Das Problem ist, dass viele Leser nur selten einen Artikel in einem bestimmten Medium lesen, sodass damit das Einnahmesystem nicht vorhersehbar gestaltet wäre.

Für eine Bitcoin-Transaktion sind zwar auch Transaktionsgebühren zu entrichten, jedoch sind diese zum Ersten deutlich geringer als im Fall von Kreditkarten-Transaktionen. Zum Zweiten sind nicht nur Transaktionen von einem Sender an einen Empfänger möglich, das Bitcoin-Protokoll lässt auch Transaktionen mit mehreren Sendern und mehreren Empfängern zu. Zwar skaliert die Höhe der Transaktionsgebühr mit der Größe der Transaktion, jedoch wird dieser Mehraufwand deutlich kleiner als bei mehreren Transaktionen ausfallen.

Die vergleichbar geringe Transaktionsgebühr und die Möglichkeit der Bündelung mehrerer Transaktionen sind die Basis, die Kleinsttransaktionen, ohne einen großen Mehraufwand, ermöglicht. SatoshiPay hat auf dieser

Grundlage ein System geschaffen, mit dem Webinhalte hinter einer Paywall versteckt werden können. Erst nach Zahlung einer zuvor ausgemachten Gebühr wird dem Nutzer der Zugang zu diesen Inhalten ermöglicht. Über ein Plugin wird ein Wallet mit dem Browser verknüpft, sodass auf verschiedenen Seiten, die eine Zahlung mit SatoshiPay zulassen, eine Zahlung mit einem einzigen Wallet möglich ist.

Nicht nur die Möglichkeiten für das Bezahlen von Online-Content, sondern auch die Möglichkeiten im Rahmen vom Internet of Things haben VISA motiviert, mit SatoshiPay zu kooperieren. Im IoT-Bereich werden Kleinsttransaktionen zur Vergütung automatisierter Leistungen immanent sein. Sensoren, die für einen Auftrag Energie benötigen, werden von anderen automatisch agierenden Einheiten, die diese Daten benötigen, Geld erhalten. Mit diesem Geld können die Sensoren schließlich den Strom, den sie verbrauchen, bezahlen.

Die entsprechenden Zahlungen werden auch in diesem Kontext klein sein. Um dies zu illustrieren, sei eine Beispielanwendung grob betrachtet: Mithilfe eines Einplatinencomputers, der bei Bedarf mit Strom versorgt wird und über einen Sensor die Temperatur ausliest, kann man die Temperatur am Ort des Einplatinencomputers bestimmen. Unter Annahme eines Temperatursensors mit vernachlässigbarem Verbrauch wäre die Leistung dieses Systems 250 mW. Bei einer konstanten Nutzung wird der Verbrauch bei 0.9 kWh liegen. Bei 28.69 Cent pro kWh würde man 26.01 Cent für eine Stunde Nutzung zahlen müssen. Der tatsächliche Verbrauch – und damit der tatsächliche Preis – wird kleiner sein, da die Temperatur in einer Sekunde ausgelesen ist. Der aus der Entfernung ansprechbare Temperatursensor wird für die eine Sekunde ca 7,5 Cent als Kompensation für die angefragte Leistung verlangen – in Bitcoin ausgedrückt wären das im Oktober 2016 13623 Satoshi – was deutlich weniger als eine Transaktionsgebühr von 18080 Satoshi ist.

Dieses Problem ist, wie im Kapitel über das Internet of Things dargestellt, nicht eines von Bitcoinallein – eine ähnliche Rechnung ließe sich hinsichtlich Ethereum oder anderer Kryptowährungen machen. IOTA umgeht dieses Problem, indem es als Währung letztlich Validierungen von Transaktionen nutzt. Doch auch in den bestehenden Kryptowährungen kann man durch Aggregation vieler Transaktionen den Anteil, der an den Gebühren zu zahlen ist, aufteilen. Genau das ist mit SatoshiPay, wie bereits dargestellt, möglich.

Letztlich nutzt das im Kapitel über das Internet of Things vorgestellte Projekt 21-Bitcoin ein SatoshiPay-ähnliches Konzept: Neben den Wallets gibt es den 21.co-Buffer, der als ein 21-internes Pseudowallet fungiert. Über diesen Buffer sind sofortige Kleinsttransaktionen möglich. In das eigentliche Bitcoin- Wallet kann man die im Buffer befindlichen Bitcoin mit einem kurzen Befehl schnell überführen. Dieser Buffer wird zentral verwaltet, sodass diese Art von Off-the-Blockchain-Transaktion vielen nicht gefallen könnte. Deshalb, und um allgemein verschiedenen Zahlungspräferenzen gerecht zu werden, sind für 21.co verschiedene Bezahlungsmodi verfügbar: Neben der beschriebenen Möglichkeit der Nutzung des Buffers können zum einen auch Transaktionen direkt auf der Blockchain genutzt werden – auch wenn diese entsprechend langsam verarbeitet werden. Zum anderen werden, um die Vorteile beider Zahlungsmodi zu vereinen, Micropayment Channels als Zahlungssystem angeboten. Mikropayment Channels sind Transaktionskanäle zwischen Sender und Empfänger, die mit einer Transaktion auf der Blockchain ein- und mit einer zweiten ausgeschaltet werden können. Egal, wie viele Transaktionen zwischen diesen beiden Parteien innerhalb der zwei Bitcoin-Transaktionen abgewickelt werden, so sind nur für diese zwei Gebühren zu entrichten. Dabei wird in der ersten Transaktion ein vorher vom Sender vereinbarter Deposit von 100.000 Satoshi für 24 Stunden geblockt. Nun kann der Empfänger vor jedem Mikroservice dem Sender den kumulierten Betrag zeigen, den der Empfänger automatisiert bestätigt. Zu jedem Zeitpunkt kann der Empfänger die Verbindung unterbrechen und für die bisher angebotenen Dienste den kumulierten Betrag von den 100.000 Satoshi abziehen. Durch diese zweite Transaktion wird der Rest des zuvor angelegten Deposit wieder frei für den Sender. Insgesamt hat er nur für zwei Transaktionen die Gebühren zu zahlen.

Es zeigt sich: Mikrotransaktionen sind nicht allein im Bereich der Monetarisierung von Online-Content eine interessante Lösung, sondern für eine Zukunft, in der Devices miteinander sprechen, vielleicht eine Schlüsseltechnologie, die erst durch die Blockchain möglich wird.

DIE VERSICHERUNGSBRANCHE IN DER BLOCKCHAIN

Wie im Verlaufe dieses Buches bereits deutlich geworden ist, bietet die Blockchain immer dann hervorragende Einsatzmöglichkeiten, wenn sie die menschliche Fehlbarkeit durch ihre mathematische Natur ersetzt. Versicherungen sind abstrakt betrachtet eine Art Solidargemeinschaft, in die viele Menschen Geld einzahlen, damit die wenigen von einem Schadenfall Betroffenen anschließend eine Entschädigung erhalten. Sie verteilen ein Risiko (z. B. Hausbrand), das insgesamt betrachtet sehr gering ist, den Einzelnen aber tief in den Ruin treiben kann, auf die Solidargemeinschaft.

WIE FUNKTIONIEREN VERSICHERUNGEN ÜBER EINE BLOCKCHAIN?

In einer Studie von Ernst & Young haben die Wirtschaftsprüfer die Auswirkungen der Blockchain auf die Versicherungsbranche untersucht. Die Studie legt vor allem dar, dass man mit der Blockchain eine Informations- und eine Vertrauensfunktion sowie eine technische Verbesserung für Versicherungen erfüllen könnte.

Technisch gesehen funktionieren Versicherungen über die Blockchain wie folgt:

Da es sich bei Versicherungsdaten um sensible Informationen handelt, wird zwischen privaten und öffentlichen Daten unterschieden. Die privaten Informationen, wie bspw. zur Gesundheit eines Kunden, bleiben nach wie vor in der Hand des Versicherungsdienstleisters und werden nicht in der Blockchain gespeichert.

Alle Informationen, die das reine Processing der Zahlungen und der Versicherungsfälle betrifft, geschehen über die Blockchain, ähnlich wie ein Zahlungssystem.

WELCHE PROBLEME EINE VERSICHERUNGS-BLOCKCHAIN LÖST

Die Versicherungsbranche hat in den vergangenen Jahrzehnten nicht mit bahnbrechenden Innovationen gepunktet. Stattdessen wurden bestehende Modelle und Verträge in der Branche weiter optimiert. Der Impact beschränkte sich daher eher auf geringfügige Verbesserungen.

Kunden wählen Versicherungen daher meist nach ihrer Transparenz und dem Vertrauen in das jeweilige Unternehmen aus. Ersteres lässt sich nur schwer messen, weil es gewissermaßen das vollste Vertrauen in das Unternehmen erfordert. Die Blockchain möchte das Vertrauen „digital auslagern". Die Zahlungen, die im Versicherungssystem fließen, wären dann für jeden Teilnehmer (Versicherer, Versicherungsnehmer etc.) mit einer hundertprozentigen Transparenz sichtbar. Zahlungen außerhalb der Versicherungs-Blockchain wären nicht möglich und so steht es jeder Person offen, sich selbst ein Bild über das Unternehmen zu verschaffen.

Die Studie von EY beleuchtet neben der Blockchain auch weitere Bereiche, die in der Versicherungsbranche zukünftig von disruptiven Technologien betroffen sein dürften. Interessante Features wie die Integration mobiler Technologien, bspw. zur Nutzung von Handykameras, um Schadensfälle zu dokumentieren, gehören dazu. Ebenso ist eine Konnektierung mit vielen weiteren Datenquellen nicht allzu weit entfernt, sodass bspw. Wetterstationen mit einbezogen werden können, um auf Grundlage der Wetterinformationen genauere Ursachen und Hintergründe des Schadensfalls ermitteln zu können. Auch wenn es scheint, dass diese Integration von bestehenden Systemen zunächst nicht direkt mit der Blockchain-Technologie zusammenhängt, liefert sie eine interessante Grundlage für die Automatisierung von Versicherungsvorgängen.

KONKRETE ANWENDUNG DER VERSICHERUNGS-BLOCKCHAIN

Das Konzept der Blockchain scheint für die Versicherungsbranche interessante Möglichkeiten zu bieten. Wie sieht es aber in der Praxis aus, wenn man sich im realen Umfeld der Versicherungsunternehmen umschaut?

Bisher wird die Blockchain von Versicherern praktisch nicht genutzt. Die Skepsis gegenüber einer Technologie, die den Versicherern einen großen Teil ihrer Macht abnimmt, ist zu spüren. Wirkliche Anwendungsszenarien sind dennoch bereits bei Startups zu finden:

Ein Startup (FlightDelay) hat sich bspw. auf Reiseversicherungen spezialisiert, insbesondere auf Flüge. Um Kunden zu entschädigen, wenn ein gebuchter Flug kurz vor dem Termin von der Airline abgesagt wird, bindet man einen Smart Contract an den Flug. Dieser Smart Contract wird automatisch ausgelöst, wenn die Airline bzw. der Reiseveranstalter die Buchung von eigener Seite storniert. Entsprechend wird dem Kunden dann sein zustehender Betrag erstattet.

Dieses Szenario ist ein Anwendungsfall, der sich optimal für den Einsatz der Blockchain anbietet. Das Problem der sensiblen Daten ist hier eher geringfügig, weil schlichtweg keine Gesundheits-, sondern nur Flugdaten gespeichert werden. Die Automatisierung ist ebenfalls effizient umsetzbar, weil die möglichen Szenarien (Flug stornieren, Unwetter etc.) relativ begrenzt und i. d. R. in ihrer Art und Weise vorher bekannt sind. Dementsprechend ist der Spielraum, über den normalerweise ein Sachverständiger unterscheiden müsste, relativ gering und damit für Maschinen verarbeitbar.

LOHNT SICH DIE VERSICHERUNGS-BLOCKCHAIN FÜR VERSICHERER?

Während die Vorteile einer Versicherungs-Blockchain für Verbraucher auf der Hand liegen, sind sie für die Versicherungsunternehmen selbst nicht unbedingt selbstverständlich: Schließlich würde der Einsatz einer Blockchain bedeuten, die bisherigen Strukturen aufzulösen und eines der Kernelemente, „den Versicherer als dritte Partei", gänzlich zu ersetzen.

In einem Paper von McKinsey untersuchte der Beratungsgigant den Einfluss der Blockchain im Insurance (Versicherungs-)Bereich. Die Autoren kommen zu dem Schluss, dass die Blockchain nicht zwingend positive Auswirkungen auf Versicherer hat: Das Risiko der Automatisierung und die Notwendigkeit von Sachverständigen würden es geradezu erfordern, auch in der Zukunft auf das bisherige zentralisierte Modell in der Versicherungsbranche zu setzen.

INVESTMENTS IN DIE BLOCKCHAIN

VENTURE CAPITALISTS IM BITCOIN-MARKT

Was einst ein Thema für kryptographieaffine Nerds war, entwickelte sich schnell zu interessanten Investitionsmöglichkeiten für Venture Capitalists. Viele multinationale Konzerne und große Beratungsfirmen haben mittlerweile erkannt, dass die Blockchain großes Potenzial bietet, um insbesondere den Finanzmarkt zu revolutionieren.

Aus diesem Grund zählen neue Blockchain-Startups zahlreiche Investoren aus verschiedenen Branchen: Der New York Stock Exchange (NYSE), Goldman Sachs, Visa, Barclays investierten bereits Millionenbeträge in frische Unternehmen, die sich der Blockchain verschrieben haben. Der Markt ist heiß, aber ein noch unbekanntes Gebiet: Niemand hat eine klare Vorstellung davon, auf welche Bandbreite sich das Blockchain-Potenzial wirklich beläuft und welche Innovationen a) technisch möglich und b) in der Gesellschaft durchsetzbar sind.

BLOCKCHAIN-INVESTMENTS SELBST TÄTIGEN

Auch für private oder nicht-institutionelle Anleger ist das Feld der Blockchains ein interessanter Markt. Besonders weil der Markt momentan von Startups und jungen Unternehmen beherrscht wird, ist nicht nur die Nachfrage, sondern auch das Angebot an Investitionsmöglichkeiten sehr groß.

BLOCKCHAIN-STARTUPS FINDEN

Anders als bei regulierten Aktienmärkten ist die Blockchain auch hinsichtlich der Investments dezentral aufgestellt. Es gibt keine einzig wahre Investmentplattform, auf der man in Blockchain-Startups investieren kann. Das macht es für potenzielle Investoren schwieriger, die neuen Potenziale zu entdecken.

Auf blockchaintechnologies.com/blockchain-companies wird eine Liste mit Blockchain-Unternehmen geführt, in der jedoch vor allem bekannte und bereits gewachsene Unternehmen enthalten sind.

Möchte man wirklich früh in ein neues Bitcoin-Startup investieren, muss man sich selbst auf die Suche begeben: Nur wer die Szene aktiv verfolgt, entdeckt die neuen Unternehmen. Sie haben keine einheitliche Plattform, auf der Ideen vorgestellt werden. Umso eher kann man sich durch intensive Recherchen auf News-Plattformen einen Vorteil verschaffen. Dort wird nicht nur über die Technologien der Blockchain, sondern oft auch über neue Startups berichtet.

Gleichzeitig lohnt sich ein Blick auf die klassischen Crowdfunding-Portale wie bspw. Kickstarter. Hier findet man zwar nicht gezielt Blockchain-Projekte, aber dennoch eine große Menge an digitalen Innovationen, an denen man sich als Privatperson beteiligen kann.

CROWDFUNDING-PORTALE FÜR BLOCKCHAIN-INVESTMENTS

Selbstverständlich gibt es noch etliche weitere Crowdfunding-Plattformen auf dem Markt, die sich für Blockchain-Investitionen eignen und keinesfalls schlechter sein müssen. Da wir in diesem Buch beileibe nicht alle Plattformen vorstellen können, nennen wir nur die, die uns durch die intensive Recherche am geeignetsten erschienen.

BLOCKCHAIN-STARTUPS: GROßE CHANCEN, GROßES RISIKO

Bei den großen Chancen, die Blockchain-Investments bieten, sind ihre Risiken nicht zu unterschätzen. Zunächst handelt es sich bei Blockchain-Investments in aller Regel um Startups, die sich gerade in der Gründungsphase oder in der Entwicklung befinden und grundsätzlich mit höheren Risiken behaftet sind. Große Unternehmen, die sich ausschließlich mit der Blockchain beschäftigen, gibt es heute noch sehr selten. Wer auf große Unternehmen setzen möchte, müsste damit auch gleichzeitig in andere Branchen investieren, die von diesen Unternehmen abgedeckt werden. Beispielsweise wären Investments in Banken durchaus denkbar, allerdings würde der Gesamterfolg der Anlage – heute – nur zu einem geringen Teil von der Blockchainsparte selbst abhängen.

Blockchain- und Kryptowährungs-Startups sind in ihrer Natur sehr unterschiedlich. Insbesondere bei Marktplätzen für Kryptowährungen treten regelmäßig neue Insolvenzfälle auf und die Plattformen werden geschlossen. Nicht nur, wer in das Portal selbst investiert hat, sondern meist auch die Nutzer gehen am Ende leer aus und verlieren ihr Guthaben.

Selbstverständlich sind Risiken bei herkömmlichen Investments ebenfalls nicht ausgeschlossen, aber sie unterscheiden sich meist durch die Absicherung:

Der Börsenhandel ist an umfangreiche Vorgaben und Kontrollen durch staatliche Organisationen geknüpft. Es ist schwieriger, Anleger strafrechtlich relevant zu täuschen und zu betrügen.

Wer sich hingegen an einem Crowdfunding beteiligt, das das Unternehmen selbst ohne externe Parteien organisiert, kann die rechtliche Sicherheit nicht immer genießen. Im schlimmsten Fall wurde der Anteilsverkauf einfach vom Verkäufer selbst organisiert und die Beteiligungen nicht unbedingt mit den sichersten Methoden verwaltet. In der Vergangenheit war das eher die Seltenheit. Dennoch gab es beispielsweise Wettseiten, die Anteile direkt gegen Bitcoin angeboten haben. Der Kauf von Anteilen ist zwar denkbar einfach, dafür verzichtet man auf die übliche Sicherheit bei anderen Investments.

KAPITEL 8 DIE ZUKUNFT DER BLOCKCHAIN

Wie wir in diesem Buch gelernt haben, nimmt die Blockchain Einfluss auf viele Bereiche unseres Lebens. Der Arbeitsmarkt, die Finanzbranche und die Logistik sind die Bereiche, die besonders stark von der Revolution betroffen sind. Seit hunderten von Jahren bekannte Geschäftsmodelle werden damit gänzlich auf den Kopf gestellt und manch ein Akteur seiner Macht entzogen. Wie wir gesehen haben, wird sich die Nachfrage nach bestimmten Experten der Digitalbranche sehr stark verändern und eine Verschiebung der Arbeitsmarktstruktur stattfinden. Was ebenfalls nicht zu unterschätzen ist, ist jedoch der Einfluss auf die gesamte Gesellschaft.

Wer sich heute umschaut, wird unter den Durchschnittsbürgern nur wenige finden, die sich unter dem Begriff der Blockchain etwas Konkretes vorstellen können.

Viele Experten stellen sich die Frage, wann oder ob überhaupt ein wirklich praktischer Einsatz der Blockchain im Alltag möglich ist. Während manche Wissenschaftler eine rosige Zukunft prophezeien, sind sich andere sicher, dass der Prozess, Blockchain-Technologien flächendeckend zu etablieren, mit großen Hürden behaftet ist.

Technisch gesehen ist die Blockchain – wie in den vorherigen Kapiteln dargestellt – Realität. Trotz bestehender Fragestellungen wie Blockgrößen, Sicherheit und sinnvollen Zugangsmöglichkeiten ist das Grundkonzept bereits heute bspw. bei Bitcoin im Einsatz und wird weltweit genutzt. Davon zu sprechen, dass Blockchains bereits heute allgegenwärtig sind, wäre dennoch falsch. Bisher bleiben Themen wie die Blockchain schlicht

Dinge, die nur von einer sehr kleinen technisch affinen Gruppe der Bevölkerung genutzt werden. Solange es um eine Währung wie Bitcoin geht, deren Nutzung zwar sehr erfreulich, aber längst nicht essentiell ist, dürfte die mangelnde Akzeptanz der neuen Technologien nicht weiter schädlich sein.

Viele Ideen, die sich mit der Blockchain umsetzen ließen, sind aber vom sogenannten „Henne-Ei-Effekt" abhängig, das heißt, sie funktionieren nur dann, wenn sie generell eingesetzt werden. Praktisch bedeutet das: Wenn eine Autovermietung über eine Blockchain organisiert wird und eine Nutzung durch unsaubere Umsetzung auch ohne Blockchain über andere Wege möglich ist, dann ist das Konzept schlichtweg überflüssig. Es wäre logischerweise nicht sinnvoll, nur einen Teil der tatsächlichen Kunden zu erfassen, die ein Fahrzeug jemals verwendet haben. Würde man bei der Autovermietung stattdessen auf die „unsaubere Umsetzung" verzichten und die Vermietung gänzlich über eine Blockchain organisieren, dann wäre sie technisch zwar einwandfrei zu benutzen und zweckerfüllend. Letztendlich ist die Autovermietung aber nach wie vor ein wirtschaftliches Unternehmen, das den Kreis der Kunden nicht auf eine schmale Gruppe von Nutzern einer bestimmten Technologie begrenzen möchte. Welche Partei muss also zuerst den Startschuss geben? Die Henne (Blockchain) oder das Ei (Nutzer)? In der Realität ist es schließlich nicht so, dass der Autovermieter die Blockchain „besitzt". Deshalb wird es technisch schwierig bzw. realistisch gesehen unmöglich, nur einen Teil der Autos in der Blockchain zu registrieren.

Das Konzept der Blockchain trifft im Allgemeinen auf sehr positive Reaktionen, selbst aus Wirtschaftszweigen, die nicht für technologischen Fortschritt bekannt sind.

Nicht zuletzt die Investitionen in Technologien dieser Art beweisen, dass auch Vertrauen aus der Wirtschaft in „dezentrale Transaktionsbücher“ vorhanden ist. Problematischer ist die universelle Durchsetzung. Schließlich müsste man den Henne-Ei-Effekt überlisten, damit Blockchains im Livebetrieb sinnvoll einsetzbar sind.

Dieses Buch soll auch deshalb hilfreich sein, weil es viele ungeahnte Einsatzmöglichkeiten von Blockchains aufgezeigt hat, an die man zunächst nicht denken mag. Je länger man sich hingegen mit diesem Thema beschäftigt, desto deutlicher wird, dass die Blockchain allgemein ein Konzept ist, welches erfordert, herkömmliche Denkmuster in Eigentums-, Verteilungs- oder Führungsfragen hinter sich zu lassen. Dennoch ist es aber als eine Art Rahmenwerk so allgemein gehalten, dass es sich technisch auf etliche Bereiche anwenden lässt.

Die Blockchain ist ein vielseitiges Instrument, deren Einsatzmöglichkeiten schier unbegrenzt scheinen. Wer sich mit der Blockchain beschäftigt, hat sicher auch schon einmal von Bitcoin gehört. Diese Währung ist zum heutigen Zeitpunkt gewissermaßen das populärste Beispiel einer Anwendungsmöglichkeit. Daher möchten wir sie in der Blockchain-Bibel selbstverständlich vorstellen, allerdings nicht allzu sehr in die Details einsteigen und stattdessen auf die *Bitcoin-Bibel* verweisen, in der wir uns speziell mit Bitcoin und digitalen Währungen befassen.

Eine nur annähernd sichere Prognose für Blockchains in der Zukunft lässt sich daher faktisch nicht treffen. Da wir das Risiko aber gerne eingehen, mit der Prognose so falsch zu liegen wie Bill Gates mit dem Satz *„Das Internet ist nur ein Hype“*, möchten wir dennoch einen Blick in die Zukunft werfen:

Es ist abzusehen, dass sich vor allem digitale Währungen stark weiterentwickeln. Gerade dieser Bereich ist ein Anwendungsbezug, der vielen Menschen naheliegt. Die Tatsache, dass man Bitcoins bspw. auch verwenden kann, ohne sie wirklich zu verstehen, klingt zunächst als negativer Effekt, der die falschen Interessenten anzieht. Andererseits könnte gerade dies ein Grund dafür sein, dass sich aus einem der heute bekanntesten Anwendungsszenarien ein flächendeckendes„Produkt“ entwickelt. Das würde die Hemmungen, die gegenüber neuen Technologien immer entstehen, deutlich reduzieren und die Botschaft der Blockchain in die Welt tragen. Gänzlich auf Geld verzichten kann schließlich niemand, und durch zahlreiche Vorteile, die Bitcoin insbesondere bei der Bezahlung im Internet mit sich bringt, dürften sich auch technisch weniger affine Menschen davon angesprochen fühlen.

Während Bitcoin sich also durch ihren Praxisbezug und durch die einfache Benutzung, die mittlerweile schon über Smartphone Apps mit wenigen Klicks möglich ist, inzwischen auch im Mainstream bekannt ist, wird die Zukunftsprognose für spezielle Blockchain-Technologien schwieriger.

Nicht zuletzt sollte man die Fehler nicht allein bei der menschlichen Akzeptanz suchen, sondern nach wie vor bedenken, dass die Blockchain-Technologie selbst in Kinderschuhen steckt.

Das Prinzip eines öffentlichen Transaktionsbuches hinterfragt schließlich alle Vorstellungen, die uns als Kind über Eigentum und Macht in die Wiege gelegt wurden. Uns wurde immer erklärt, dass wir bestimmte Dinge tun, weil bestimmte Menschen es so beschlossen haben. Dass es Menschen gibt, die über unser Wohl oder Unwohl entscheiden, und dass die Bank dafür verantwortlich ist, dass wir morgen am Bankautomaten noch so viele Scheine Papier abholen können, wie sie uns heute auf dem Konto angezeigt werden.

Sind Vorteile allein aber ausreichend, um neue Ideen in der Gesellschaft voranzutreiben? Die Vergangenheit hat uns oft genug Gegenteiliges gelehrt. Oft haben wir das Gefühl im Laufe der menschlichen Evolution noch nie so sehr nach Wachstum, Fortschritt und Technologie gestrebt zu haben wie heute. Was dabei oft festgestellt, jedoch nur selten zugegeben wird: Menschen sind Gewohnheitstiere mit einem unabdingbaren Drang nach Neuem.

Wer heute in einem Flugzeug sitzt, hat längst vergessen, welch mühsamer Weg es war, den Vogel in die Luft zu bringen – Fliegen gilt heute als selbstverständlich.

Dabei wissen nur die wenigsten Menschen, welcher Technologie es bedarf, ein Flugzeug zum Fliegen zu bringen. Warum sollten sie auch?

Wann aber werden die ersten Anwendungen, die ersten Transaktionen oder Register Spuren der Blockchain-DNA enthalten? Die meisten von uns werden nur die neu gewonnenen Vorteile kurzzeitig registrieren. Die eigentliche Technologie dahinter aber werden nur die wenigsten bemerken. Warum sollten sie auch? Sie ist längst unter uns.

KAPITEL 9 EIN LEBEN AUF DER BLOCKCHAIN

Acht Uhr, mein Wecker klingelt. Genervt stehe ich auf und versuche mit geschlossenen Augen so lange auf dieses merkwürdige Gerät zu drücken, bis es mir meine wohlverdiente Ruhe gibt. „Nun ist es sowieso vorbei", denke ich und schalte die Kaffeemaschine an, um die letzten zwei Stunden vor meinem letzten Tag auf der Reise durch Berlin in sanfter Ruhe zu genießen. Nicht fehlen darf bei in meiner Morgenroutine der tägliche Blick auf aktuelle Nachrichten und Fachthemen, die mich beruflich und privat beschäftigen. Ich krame mein Tablet aus dem Koffer und klappe es auf dem Tisch auf. Manchmal frage ich mich durchaus, wie schön die Zeit damals war, als man am Morgen nicht auf große Expedition gehen musste, um das Tablet zu suchen, sondern einfach die Tageszeitung mit einem Griff aus dem Briefkasten holen konnte. „15 Jahre muss das her sein, oder länger ...?" – Aus Zeitmangel breche ich diese unendlich vielen Gedanken in meinem Kopf schnell wieder ab.

Mit einem Klick auf *Daily*, die dezentralen Onlinemediendatenbank, schlägt man mir basierend auf meinem Nutzerprofil elf neue Beiträge vor, die erschienen sind, seitdem ich gestern um 23 Uhr zuletzt einen Blick auf die App geworfen habe. Es scheint, als würde ich nicht drumherumkommen, sie alle zu lesen. Ich habe bei jedem Artikel das Gefühl, dass es genau der Beitrag ist, den ich gesucht habe, selbst dann, wenn ich gar nicht auf Suche war. Verrückt, oder? Diese Dapp scheint die Magie zu beherrschen. Kontrolliere ich sie oder kontrolliert sie mich? Früher warf man der Presse vor, Meinung zu machen – heute, so könnte man denken, macht meine

Meinung die Presseartikel, die ich lesen will. Erneut versuche ich mich von den seltsamen Gedanken zu lösen. Unerklärlich, wie ich an einem Sonntagmorgen solch kognitiven Leistungen zustande bringe.

Monatsende. Die Dapp meldet, dass von meinem Wallet 25 Dollar für den nächsten Monat abgezogen werden. Sollte ich dieser Transaktion widersprechen, so wird mir gedroht, gehen alle Nutzerdaten verloren. Schon witzig – wollen die wirklich wegen eines saumseligen Zahlers eine Hard Fork riskieren? Naja, aber den Betrag zahle ich gerne – sowohl die Artikel von Menschen als auch jene, die durch Textbots geschrieben werden, sind direkt auf mich zugeschnitten, sowas verdient eine faire Entlohnung. Zwar zahle ich heute monatlich knapp doppelt so viel Geld wie damals für meine Tageszeitung, aber dennoch habe ich ein besseres Gefühl dabei, wenn mich *Daily* jeden Monat aufs Neue erinnert, dass ich um etwas Geld erleichtert werde. Schließlich ist *Daily* keine lokale Zeitung, in der mich nur ein Bruchteil der Inhalte interessiert. Wer das Geld letztendlich erhält, bestimme ich selbst. Gefällt mir der Beitrag, lasse ich gut und gern ein paar Cent springen, gefällt er mir nicht, schließe ich den Artikel und ärgere mich über die vergeudete Zeit. Zahlen muss ich ohnehin nur dann, wenn ich möchte.

Es beängstigt mich durchaus, dass alle Beiträge, die ich lese, in einer Blockchain gespeichert werden. Schließlich kann jeder einen Blick darauf werfen und – falls er meine Adresse(n) kennt – so manches unangenehmes Thema finden, dessen journalistische Vielfalt ich gerne in Anspruch nehme. „Wäre es nicht doch besser, du würdest deine Tageszeitung von vor 20 Jahren abonnieren und sie Tag für Tag aus dem Briefkasten holen, so wie es die gesamte Menschheit bis vor kurzer Zeit getan hat?“, frage ich mich. „Gibt es diese Zeitung überhaupt noch? Finanziell stand sie damals schon vor dem Ruin und hat etliche Journalisten entlassen, nur die Besten durften bleiben. Naja, wie dem auch sei."

Der letzte Schluck meiner sündhaft leckeren Tasse Kaffee. Auch eine der feineren Errungenschaften dieser Zeit: Meine Kaffee-Maschine, die selbst Kaffee kauft. Bald sollte ein Paket mit Mocca Sidamo in meinem Postfach liegen – mit einer Drohne geliefert. Einfüllen muss ich den Kaffee noch selbst, aber eine Sphäre, in die nicht einfach eine mit einem dezentralen Netzwerk verbundene Drohne fliegen kann, ist mir Lohn genug.

Wieder einmal beweist mir ein Blick auf das Gerät, dass ich erst vor zwei Stunden zum Schweigen gebracht hatte, wie unorganisiert ich wirklich bin. In fünf Minuten wollte ich am Hauptbahnhof sein, um mich mit einem Freund treffen, den es damals nach dem Abitur nach Berlin verschlagen hat. Vier Jahre haben wir uns nicht gesehen, aber da er genau so ein Fan von Kryptomessengern wie ich ist, haben wir regen Kontakt über das Internet.

Für alle anderen Dinge, die ich mir für diesen Morgen vorgenommen hatte, bleibt keine Zeit mehr. So schnell es geht zum Hauptbahnhof, heißt es nun. Ich suche meinen Schlüssel. Immer dasselbe Problem: Wenn ich es eilig habe, finde ich die wichtigen Gegenstände nicht. Ich werde hektischer und krame in meinem Koffer, obwohl ich meinen Schlüssel niemals dort aufbewahren würde. Ungerne möchte ich Marc auf mich warten lassen, nachdem wir uns so lange nicht gesehen haben. Es wäre schließlich eine der wenigen Möglichkeiten in meinem Leben, andere Personen davon zu überzeugen, dass sich mein nicht vorhandenes Organisationstalent innerhalb von zwei Jahrzenten nach meinem Studium ansatzweise verbessert hat. Der Gedanke löst sich schnell in Luft auf, bis mir einfällt, dass ich gar keinen Schlüssel besitze. Ich verdränge den Gedanken, der mir zeigt, dass ich all diese Informationen nicht mehr unter einen Hut bringen kann. Vielleicht bin ich einfach alt geworden.

Ich schließe die Tür, ziehe nochmals an ihr, um sicherzugehen, dass sie wirklich fest geschlossen ist, obwohl mir das große Display längst in einem grünen Feld mit meinem Namen angezeigt hat, dass die Tür geschlossen ist und nur mit meinem eigenen privaten Schlüssel geöffnet werden kann. Wie mir die Hoteldame erklärte, ist das mein digitalisierter Fingerabdruck. Natürlich ist das eine ziemliche Simplifizierung: Der Fingerabdruck wird in einen Private Key umgewandelt, mit dem ich gegen eine entsprechende, durch Smart Contracts bestimmte Gebühr das Zimmer weiterhin bewohnen kann.

Wieder lenken mich meine Gedanken ab – was eigentlich ist die Aufgabe der Hoteldame? Wurden Buchungen und Rechnungswesen nicht schon längst von automatisierten Prozessen übernommen? Wahrscheinlich will das Hotel in dieser funktionierenden, akkuraten Welt der Smart Contracts einen gewissen Rest menschlichen Charme behalten.

Es ist unmöglich, in zwei Minuten am Bahnhof zu sein. Vor einigen Jahren wäre ich die 500 Meter problemlos in 90 Sekunden gelaufen, meist, um mir anschließend ein paar frische Bananen im Supermarkt zu kaufen. Seitdem Amatson aber frisches Obst ohne Versandkosten nach Hause liefert, treibt es mich aus Bequemlichkeit nicht mehr allzu oft auf die Suche nach einem Supermarkt in der Nähe. Letztlich sterben diese auch langsam aus – und selbst dort arbeiten kaum noch Menschen, ist doch alles über automatisierte Prozesse geregelt.

„Du hast keine Wahl“, sagt mir mein Bauchgefühl, in das ich mein Vertrauen eigentlich längst verloren habe. Ich sehe einen Kleinwagen auf der anderen Straßenseite. Niemand scheint darin zu sitzen. Es ist ein Mietwagen, fällt mir ein, als ich die orangene Farbe des Seitenaufdrucks wiedererkenne. Dieses Auto könnte mir den Tag retten.

Ich öffne die App dieses Carsharingdienstes. Obwohl ich nach Luft schnappend noch knapp 15 Meter von dem Fahrzeug entfernt bin, habe ich mich bereits eingeloggt und die Tür geöffnet. Ein erleichterndes Gefühl. Auf der Windschutzscheibe begrüßt man mich mit einem kryptischen Code aus vielen Zeichen und einem aktuellen Bild von mir. Ich freue mich, man scheint mich also über Landesgrenzen hinweg noch zu kennen. Dass das Auto mir sein vollstes Vertrauen schenkt, merke ich bereits beim ersten Kontakt, als ich die Tür öffne. Meine aktuelle Fahrt sei im Schadensfall bereits versichert, teilt man mir mit. Dafür gebe ich als Gegenleistung gerne meine ohnehin auf der elektronischen ID gespeicherte Adresse her. Ich bin eine ehrliche Person, führe ich mir erneut vor Augen. Falls der nächste Fahrer des Autos etwas zu bemängeln hat, kann er direkt nachsehen, wer es zuletzt benutzt hat. Ein kurzer Blick in die Autochain verrät ihm schnell, wer die merkwürdige Macke am Kotflügel verantwortlich ist. „Das war schon so”, war gestern.

Motor aus, aussteigen, Tür schließen und ab geht es auf die Suche nach Marc. Es ist unglaublich, dass ich es rechtzeitig geschafft habe, mich mit einer Person zu treffen, die selbst noch nicht am Treffpunkt erschienen ist, womöglich, weil sie aus Erfahrungen vor langer Zeit von vornherein eine halbe Stunde später zu Terminen mit mir erscheint. Marc kommt eine halbe Stunde zu spät, teilt er mir über unseren Kryptomessenger mit. Ein guter Zeitpunkt für einen zweiten Kaffee. Ich laufe zum nächsten Kiosk, an dem sich ein Kaffeeautomat befindet, halte mein Handy vor das schmutzige Display und zahle ihn mit meinen restlichen Bitcoins über meine mobile Wallet. Neben mir steht ein Zeitungsständer. Etwas verwundert erinnere ich mich an meine Gedanken, die ich heute Morgen beim Frühstück verworfen hatte, als ich über gedruckte Magazine von damals nachgedacht hätte. Es gibt sie nach wie vor. Nicht, dass ich das nicht gewusst hätte, aber wirklich darauf geachtet habe ich nie.

Drei Menschen stehen an der Kasse und halten eine der vielen Magazine in der Hand. Merkwürdig eigentlich, wie unterschiedlich sie mit den Medien umgehen. Ehrlich gesagt kann ich es nicht wirklich nachvollziehen, Geld für ein Magazin auszugeben, dessen Inhalt ich vorher nicht kenne.

Gehen die Menschen denn nicht mit der Zeit, oder warum nutzen sie keine digitalen Quellen, bei denen sie erst nach dem Lesen bezahlen und selbst bestimmen, ob ihnen bestimmte Inhalte das Geld wert sind oder nicht? Möglicherweise. Halten sie mich vielleicht für verrückt, weil ich mich einer Blockchain bedenkenlos hingebe, die jede Interaktion von mir auf Ewigkeit protokolliert? Möglicherweise. Schließlich haben auch meine Eltern die Menschen für verrückt gehalten, die ihnen damals gesagt haben:

„Die E-Mail-Technologie wird einst den Schriftverkehr revolutionieren."

BTC-ECHO

Buchempfehlung: „Die Bitcoin-Bibel – Das Buch zur digitalen Währung"

Die digitale Peer-to-Peer-Währung Bitcoin setzt den Siegeszug in unserer Gesellschaft weiter fort. Zunehmend mehr Unternehmen, Banken, Regierungen, Institutionen und Endverbraucher greifen nach dem enormen Potential von Bitcoin und der Technologie, die der Währung zugrundeliegt – der Blockchain. Nicht nur einzelne Transaktionen sollen zukünftig dank Bitcoin fast zum Nulltarif und innerhalb von Sekunden rund um den Globus geschickt werden, auch ganze Aktienmärkte könnten potentiell mit Hilfe der Blockchain-Technologie vollends verwaltet werden. Die vorstellbaren Einsatzmöglichkeiten sind unendlich. Was aber ist Bitcoin, wie ist Bitcoin entstanden, wie kann ich mit Bitcoins bezahlen oder sie als Unternehmen akzeptieren und warum wird der Erfolg von Bitcoin bereits heute mit dem des Internets oder der E-Mail verglichen?

Von der technischen Entwicklung, über die Nutzung, zu Rechtsfragen und Aussichten in der Zukunft –. das Autoren-Team der deutschsprachigen Newsplattform für digitale Währungen, BTC-ECHO, hat mit der „Bitcoin-Bibel" ein wichtiges und gut verständliches Grundlagenwerk für das Bitcoin-System geschaffen. Die digitale Währung wird in dem Buch von den Experten aus der Branche von allen Seiten beleuchtet – technische Kenntnisse sind hier nicht erforderlich, sondern werden vielmehr vermittelt. Gerade bei den Detailfragen kommen auch Fortgeschrittene auf ihre Kosten.

QUELLENVERZEICHNIS

Neben den unten aufgeführten Quellen wurde ein wesentlicher Teil der Recherche mit Hilfe eigener Artikel (über 1400 auf btc-echo.de, Stand: Oktober 2016) durchgeführt. Auf eine einzelne Auflistung wird entsprechend verzichtet.

KAPITEL 2 EINE EINFÜHRUNG IN DIE KRYPTOGRAPHIE

1. Wikipedia; https://de.wikipedia.org/wiki/Kryptographie, https://de.wikipedia.org/wiki/Alan_Turing, https://de.wikipedia.org/wiki/Security_through_obscuri-ty,https://de.wikipedia.org/wiki/Secure_Hash_Algorithm, https://en.wikipedia.org/wiki/Advanced_Encryption_Standard, https://en.wikipedia.org/wiki/Elliptic_Curve_Digital_Signature_Algorithm
2. Kryptowissen; https://kryptowissen.de/enigma.html
3. Tagesschau; https://tagesschau.de/inland/merkel-neun-punkte-101.html
4. Europarlamentl; https://europarl.europa.eu/stoa/webdav/site/cms/shared/0_home/STOA%20Study%20Mass%20Surveillance%20Part%201.pdf
5. Tagesanzeiger; http://www.tagesanzeiger.ch/wissen/technik/Proebeln-bis-ans-Ende-der-Zeit/story/11668643

KAPITEL 3 WIE FUNKTIONIERT DIE BLOCKCHAIN

1. Bitcoin-Wiki; https://en.bitcoin.it/wiki/Proof_of_work, https://en.bitcoin.it/wiki/Elliptic_Curve_Digital_Signature_Algorithm
2. Bitcoin.org; https://bitcoin.org/bitcoin.pdf, https://bitcoin.org/en/developer-guide#consensus-rule-changes
3. Ethereum-GitHub-Projekt; https://github.com/ethereum/wiki/wiki/White-Paper
4. HashCash-Algorithm; http://www.hashcash.org/papers/hashcash.pdf
5. MaidSafe-GitHub-Projekt; https://github.com/maidsafe/Whitepapers
6. Heise.de; http://www.heise.de/newsticker/meldung/Bitkom-51-Milliarden-Euro-Schaden-jaehrlich-durch-digitale-Wirtschaftsspionage-2609577.html
7. Paul Barans RAND-Research; https://www.rand.org/content/dam/rand/pubs/research_memoranda/2006/RM3420.pdf
8. SAMMANTICS; http://sammantics.com/blog/2016/3/6/how-transactions-are-validated-on-a-shared-ledger
9. Nennung des PoS; http://bitcoin.stackexchange.com/questions/9082/what-is-proof-of-stake?rq=1

KAPITEL 4 SMART CONTRACTS

1. Nick Szabo; http://szabo.best.vwh.net/smart_contracts_idea.html
2. Bitcoin Wikit; https://en.bitcoin.it/wiki/Script
3. Solidity; http://solidity.readthedocs.io/en/latest/
4. Ethereum; https://mc2-umd.github.io/ethereumlab/docs/serpent_tutorial.pdf
5. Andreas Olofsson; https://forum.ethereum.org/discussion/1306/learn-lll-video-tutorials-by-andreas-olofsson

KAPITEL 5 SIDECHAINS

1. Blockstream; https://blockstream.com/sidechains.pdf
2. Rootstock; http://www.the-blockchain.com/docs/Rootstock-WhitePaper-Overview.pdf
3. Rootstock; https://uploads.strikinglycdn.com/files/27311e59-0832-49b5-ab0e-2b0a73899561/Drivechains_Sidechains_and_Hybrid_2-way_peg_Designs_R9.pdf

KAPITEL 6 BLOCKCHAIN IN DER PRAXIS

1. Politik Digital; https://politik-digital.de/news/blockchain-eine-politische-revolution-148541/
2. Wikipedia; https://de.wikipedia.org/wiki/Kommunales_Unternehmen

3. Tagesspiegel; https://tagesspiegel.de/wirtschaft/einfuehrung-ab-2017-steuererklaerung-ohne-stift-und-papier/12692584.html
4. Muessiggang-Magazin; https://muessiggang-magazin.de/blockchain/
5. America-Aljazeera; http://america.aljazeera.com/articles/2014/4/7/code-your-own-utopiameetethereumbitcoinasmostambitioussuccessor.html
6. E-Estonia; https://e-estonia.com/component/x-road/, www.e-estonia.com/components/
7. Ria; https://ria.ee/en/x-road.html, www.ria.ee/en/statistics-about-x-road.html
8. Upsidedownworld; http://upsidedownworld.org/main/honduras-archives-46/2800-a-state-of-siege-in-northern-honduras-land-palm-oil-and-media
6. Isoc; http://www.isoc.org/oti/articles/0597/leiner.html
7. History of Bitcoin; http://historyofbitcoin.org/
8. Ernst & Young; http://ey.com/Publication/vwLUAssets/EY-blockchain-technology-as-a-platform-for-digitization/$FILE/EY-blockchain-technology-as-a-platform-for-digitization.pdf
9. http://mckinsey.com/industries/financial-services/our-insights/blockchain-in-insurance-opportunity-or-threat
10. Marc Andreessen, "Why Bitcoin Matters," The New York Times, 21 January 2014, © 2014 The New York Times

11. http://dealbook.nytimes.com/2014/01/21/why-bitcoin-matters/?_r=0
12. PWC; http://www.pwc.com/gx/en/financial-services/pdf/how-blockchain-tecnology-might-transform-insurance.pdf
13. Pressetext; https://pressetext.com/news/20120502003
14. Worldbank; https://worldbank.org/
15. Finanznachrichten; https://finanznachrichten.de/nachrichten-2011-11/21947221-95-prozent-der-weltbevoelkerung-besitzen-mindestens-ein-handy-003.htm
16. 21.co; https://21.co/learn/sensor21/
17. 21.co; https://21.co/learn/grid-computing-with-bitcoin-micropayments/
18. IOTA; http://iotatoken.com/IOTA_Whitepaper.pdf
19. DASH; https://www.dash.org/wp-content/uploads/2015/04/Dash-WhitepaperV1.pdf
20. Slock.it; https://download.slock.it/public/DAO/WhitePaper.pdf
21. Phil Daian; http://hackingdistributed.com/2016/06/18/analysis-of-the-dao-exploit/
22. Lisk; https://lisk.io/documentation?i=lisk-docs/README
23. Notareth; https://github.com/maran/notareth
24. Colony; https://colony.io/
25. Piper Merriam; http://www.ethereum-computation-market.com/
26. Everledger; http://www.everledger.io/
27. D. Tapscott / A. Tapscott (2016); Blockchain Revolution - How the technology behind Bitcoin is chan-

ging money, business and the world. Penguin Random House UK.

KAPITEL 7 BLOCKCHAIN & FINANZEN

1. Winheller; http://winheller.com/blog/blockchain-kontrakte-vertraege-mit-blockchaintechnologie/
2. Oliver Wyman; http://www.oliverwyman.com/content/dam/oliver-wyman/global/en/2016/feb/BlockChain-In-Capital-Markets.pdf
3. Finextra; https://www.ingwb.com/media/1609652/banking-on-blockchain.pdf
4. SETL; https://setl.io/
5. SatoshiPay; https://satoshipay.io/

15851992R00113

Printed in Poland
by Amazon Fulfillment
Poland Sp. z o.o., Wrocław